河北省省级科技计划资助（S&T Program of hebei）

项目立项编号：2021 M020801

青少年
科技创新能力的培养实践

QINGSHAONIAN
KEJI CHUANGXIN NENGLI DE PEIYANG SHIJIAN

王卫国　主编

光明日报出版社

图书在版编目（CIP）数据

青少年科技创新能力的培养实践／王卫国主编 . --

北京：光明日报出版社，2023.4

ISBN 978 - 7 - 5194 - 7160 - 6

Ⅰ.①青… Ⅱ.①王… Ⅲ.①青少年—科学技术—能

力培养—唐山 Ⅳ.①G305

中国国家版本馆 CIP 数据核字（2023）第 062825 号

青少年科技创新能力的培养实践
QINGSHAONIAN KEJI CHUANGXIN NENGLI DE PEIYANG SHIJIAN

主　　编：王卫国

责任编辑：刘兴华　　　　　　　责任校对：李　倩　李佳莹

封面设计：中联华文　　　　　　责任印制：曹　净

出版发行：光明日报出版社

地　　址：北京市西城区永安路 106 号，100050

电　　话：010-63169890（咨询），010-63131930（邮购）

传　　真：010-63131930

网　　址：http：// book. gmw. cn

E - mail：gmrbcbs@ gmw. cn

法律顾问：北京市兰台律师事务所龚柳方律师

印　　刷：三河市华东印刷有限公司

装　　订：三河市华东印刷有限公司

本书如有破损、缺页、装订错误，请与本社联系调换，电话：010-63131930

开　　本：170mm×240mm

字　　数：296 千字　　　　　　印　　张：16.5

版　　次：2023 年 4 月第 1 版　　印　　次：2023 年 4 月第 1 次印刷

书　　号：ISBN 978 - 7 - 5194 - 7160 - 6

定　　价：78.00 元

编委会

前　言

习近平总书记在十九大报告中提出："人才是实现民族振兴、赢得国际竞争主动的战略资源。要坚持党管人才原则，聚天下英才而用之，加快建设人才强国。实行更加积极、更加开放、更加有效的人才政策，以识才的慧眼、爱才的诚意、用才的胆识、容才的雅量、聚才的良方，把党内和党外、国内和国外各方面优秀人才集聚到党和人民的伟大奋斗中来，鼓励引导人才向边远贫困地区、边疆民族地区、革命老区和基层一线流动，努力形成人人渴望成才、人人努力成才、人人皆可成才、人人尽展其才的良好局面，让各类人才的创造活力竞相迸发、聪明才智充分涌流。"

唐山市第一中学是河北省一所历史悠久的重点中学，始建于1902年，前身系直隶省永平府立中学堂和华英书院，是中国近代最早的中等学校之一，是中国共产主义运动伟大先驱李大钊的母校，迄今已有一百二十年的历史。作为全国百强中学、中华百年名校、共和国60年特别贡献学校、河北省首批示范性高中，唐山一中多次受到教育部和省市表彰，先后被授予河北省先进集体、河北省文明单位、全国"三八"红旗集体、全国文明校园等荣誉称号，是教育部命名的现代教育技术实验学校和中央教科所命名的全国素质教育实验基地，在2015年和2018年先后两次被中国科协、教育部、科技部、生态环境部、共青团中央、自然科学基金委等八部委评为全国"优秀科技教育创新学校"。

新的发展机遇下，学校的发展定位是：在全球找位置，在世界谋发展，将唐山一中打造成世界知名品牌，打造成培养伟大人物的伟大学校。在人才培养上，学校以"为党育人为国育才，过幸福完整教育生活，为学生终生发展奠基"为办学理念，注重培养学生的科学精神和人文素养，着力提高学生思想道德素质与科学创新能力，为社会、国家和民族培养栋梁之材。青少年是世界创新的未来所在，也是每一个国家科技创新未来竞争力的潜力所在。科学素养是青少年全面发展的核心素养之一，青少年科学教育是培养青少年的科学思维和科学精神，提高青少年的科学素养，引领青少年构建适应社会发展的科学文化知识体系的重要形式。加强青少年的科技教育，提升青少年的科学素养，对于提高国家未来的科技创新能力，对于青少年过圆满的高质量的人生，都是基础性的。

为此我们秉承"理念共识、资源共享、平台共建、人才共育"的宗旨参与了"未来创新人才培养计划（FITTP）"，开展了"中国青年创新人才的培养与评价研究"课题研究工作，坚持改革创新，以完善人格、开发人力、培育人才为工作目标，开展了一系列实践研究工作，为我国教育改革和创新人才培养事业献计献策。从2014年至2022年，我们连续9年参加了以创新人才培养与评价实践研究为目的的"国际青少年创新设计大赛（IC）（网络初赛，北京复赛，美国决赛）"。本项赛事的宗旨就是创新驱动发展、设计改变生活、人才引领未来；将目标致力于孵化具有专业性、国际性、复合型未来拔尖创新人才；将人文、体育、艺术、数学、科学、技术、工程、社会八大领域有机融合；将健商（HQ）（意志力、协作力、自信心等）、情商（EQ）（沟通力、内驱力、同理心等）和智商（IQ）（批判力、逻辑力、好奇心等）"三商"融合。截至目前，我校11名学生获国际金奖，10名学生获国际二等奖，134名学生获全国一等奖，255名学生获全国二等奖，我校的获奖等级在河北省最高，获奖总数居河北省首位！

本书主要收录我校近9年来"国际青少年创新设计大赛"优秀成果及部分师生的心得随感。

第一篇优秀成果：主要收录"国际青少年创新设计大赛"中优秀学生创新设计及创意故事。

第二篇心得随感：主要收录参加"国际青少年创新设计大赛"全国复赛及国际决赛的部分师生的心得随感。

我们认为在中学阶段应切实践行创新教育，高度重视中学生科技创新能力的培养，这是直接关系到未来中华民族的创新能力和国家综合国力的大问题，是我国建设创新型国家的关键环节。"功以才成，业由才广"，众人拾柴火焰高。相信在我们的共同努力下，中华民族伟大复兴一定会实现，中国梦一定会实现。

目 录
CONTENTS

第一篇

01

|优秀成果|

飞梦队

作品名称	承重气垫	
设计时间	开始时间： 2014 年 3 月 26 日	
	完成时间： 2014 年 4 月 6 日	
设计 过程	问题缘起： 　　救生圈给了我们灵感，救生圈很轻，但承重毫不逊色，于是我们模仿救生圈做了气垫结构。	
	设计方案： 　　将塑料袋充入适量气体，封口，并在外侧贴上一层胶带加固，四角及封口处用密封性黏胶密封，防止漏气。将气囊四个一层，围成圈状（见设计草图中俯视图），用黏胶和胶带黏合，圈内侧用四个瓦楞纸板支柱支撑，气垫共两层，八个独立气囊，若一至两个气囊损坏仍可承重。气囊与支柱用鱼线连接，气囊鱼线绑在支柱上，若气囊轻微形变，鱼线绑的结可以上下活动，防止破坏气囊。支柱采取拼插与黏合共用更加坚固，同时四个支柱之间用鱼线连接，向中间聚拢，防止受压时向四周倒下。承重气垫既有气囊又有固型支撑，互相配合，使它承重更大，也更为保险。	
	模型制作： 　　　　材料：塑料袋，胶带，黏胶，瓦楞纸板，鱼线 　　　　工具：剪刀，塑料袋封口机，打气筒 　　　　工艺：充气，塑料袋热熔封口	
	主要创新方法： 　　充气，塑料袋热熔封口，必要时可折叠，便于携带。既有气囊又有固型支撑物，双重保险。	
	创意故事概要： 　　故事讲述了在古希腊奥林匹斯山上诸神的生活，宙斯为报复人类而创造了潘多拉，想用美色迷惑人类，潘多拉打开魔盒，战争、疾病迅速蔓延，大地也变得一片冰雪，毫无生气。渐渐地，奥林匹斯山也覆盖上了白雪，若是雪越积越多会把神殿压垮，世界将变为一片混乱。主神宙斯和权力女神赫拉察觉到了这一异样，	

	想去阻止潘多拉，于是宙斯找来了战神阿瑞斯，想要直接用暴力消灭潘多拉，可是交手到一半，阿瑞斯突然觉得潘多拉美貌动人，潘多拉趁机说服了阿瑞斯，将他迷惑归顺了自己。宙斯得知后十分愤怒，但没有办法，于是赫拉又找来了太阳神阿波罗、海神波塞冬去降服潘多拉，二人分别掌管水与火，他们对力量强弱产生了分歧，起了内讧，潘多拉见机又迷惑了他们，二神也归入其阵营。见状，宙斯亲自出马，不料自己也被潘多拉迷住。此时只剩赫拉一人，她独自面对着失去理性的诸神，潘多拉以为胜券在握，可赫拉拿出了撒手铜，她请求了如来佛祖的帮助，派来了孙悟空，孙悟空施法使所有人恢复了理智，潘多拉见状连忙将魔盒中的冰雪放出，想要用暴雪压倒神殿。孙悟空从耳朵里拿出了被压五百年间发明的气垫，轻松顶住了快要倒塌的奥林匹斯山，收服了潘多拉。
设计 过程	设计草图：  俯视图 单层气囊 效果图 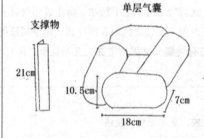  支撑物
自选项目	1. 乐器弹唱。 2. 相声。
团队简介	我们来自唐山一中高一（16）班，七个人，七种特色，月明微雨梦紫轩正如我们团队，够文艺，有创新，有梦想，有拼搏。 　　（月）郑月辉：物竞党，看似不太协调，但思维异常灵活，物理学知识掌握得炉火纯青。 　　（明）董子明：物理课代表之一，"心思细腻，温柔贤惠"，擅长查漏补缺，指出弊病。 　　（微）王伟：化学课代表，化学知识丰富，老实稳重，做事十分认真有干劲，但经常一语惊人。

续表

团队简介	（雨）杨雨卿：文艺青年，同时又是资深物理竞赛生，知识渊博，能调剂气氛，团结众人，又擅长表演。 （梦）李诗萌：班长，队里唯一一女选手，却是最"man"的一个，做事爽快利落，一身武侠范儿，领导能力突出。 （紫）魏子胤：别名"within"，物理课代表之二，毒舌，动手能力欠缺但头脑灵活总有新奇想法。 （轩）张轩铭：团支书，数学竞赛生，擅长高难度计算，沉着冷静，波澜不惊，用理性思维完成任务。 月映西桥，微风飘摇，只话明日雨潇潇。梦回紫台有归客，轩昂看今朝！
诚信宣言	我承诺以上材料属实。团队代表签字： 　　年 月 日

玖琉队

作品名称	X-支架		
设计时间	**开始时间：** 2014 年 3 月 29 日		
	完成时间： 2014 年 4 月 6 日		
设计过程	**问题缘起：** 　　2014 年 2 月 8 日，中国国家海洋局宣布中国南极泰山站建成开站，关于南极考察一直以来是国家重点项目之一，而南极的恶劣环境也是众多难题之一，因为南极长期覆雪，对于建筑的抗压性与坚固性的要求十分苛刻。我国青少年历来重视创新精神，关注国家大事，经过缜密地思考与深刻地讨论，最终设计出具有抗压属性的结构模型。		
	设计方案： 　　整体为桁架结构，由吸管、牙签、报纸、黏胶与鱼线结合成承重结构。		
	模型制作 　　**材料：**鱼线、黏胶、饮料吸管、胶带、牙签、报纸 　　**工具：**钳子、剪子、锯子、刀子、锉刀、绘图工具、热熔胶枪 　　**工艺：**黏合、拼接、榫接		
	主要创新方法： 　　吸管坚固性与桁架结构原理的结合，以及通过局部坚固物体加固吸管的方法。鱼线分担主体结构的受力。		
	创意故事概要： 　　我是中国一名顶级工程师，以 X-支架闻名于世。 　　2014 年 12 月 21 日，地点：家中，天气：阴云 　　我从床上醒来，打开电视，普京正表情冷峻地宣布，一旦俄罗斯遭到侵略，将先使用核武器，与此同时，各国开始紧张备战。正看到电视中记者对我国军事专家进行采访，该专家表示，世界仍将维持长期和平。突然，信号中断，进而停电了，而外面轰隆隆的雷声趋近，一声枪响刺入我的耳膜，我拉开窗帘，发现外面开始了混战，这时一颗流弹飞进我的窗户并爆炸，我顿时眼前一黑…… 　　2015 年 12 月 21 日，地点：未知，天气：极昼 　　当我睁开眼时，我已经躺在一处秘密的安全屋中，身边的护士对我说，我已		

设计过程	昏迷了一年。一年中，世界核战争毁了世界上绝大多数地方，只剩下安全屋所处的这一片净土未被侵扰。中国把大多数有良知的科学家和军事力量聚集于此。一年工夫，利用我脑中扫描的知识，倾力建造出时间机器，打算返回过去，阻止战争。很快，我和一群政治家和技术人员就登上了机器，正当操作员紧张地敲打着键盘的时候，一声巨响从头顶传来，无人轰炸机用氢弹摧毁了人类唯一希望，我闭上眼，流下了泪。耳边似乎响起了爱因斯坦的话：我不知道第三次世界大战会用哪些武器，但第四次世界大战中人们肯定用的是木棍和石块。 　　眼前的强光消失时，我惊奇地发现，我依然睡在我的床上，时间依然是2014年12月21日。我急忙打开电视，电视上，普京脸色冷峻地说道："如果俄罗斯遭到侵略，我们将先使用核武器……" 　　我又听到雷声逐渐趋近……
	设计草图： 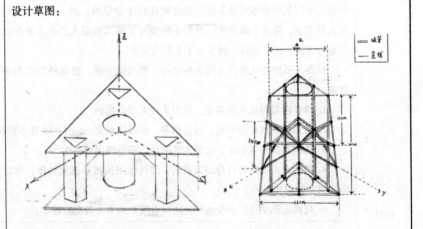
自选项目	1. 唱歌。 2. 魔术。
团队简介	赵乃琨，陈逸帆，赵文沛，顾然，孟子涵，李誉，陈芳凝
诚信宣言	我承诺以上材料属实。团队代表签字：　　　　年　月　日

零点队

题目	电子类——排雷机器人	
设计时间	**开始时间：** 2015 年 1 月 20 日	
	完成时间： 2015 年 3 月 28 日	
设计过程	**问题缘起：** 　　近年来，中国多次向国外派遣维和部队，战火纷飞的国外，经常有危险的爆炸物，专门负责排雷的部队进行任务时往往十分危险，提心吊胆。所以，为了保证人员安全，防止危险发生，我们小组设计了排雷机器人，让人员在远离爆炸物的地方无线排雷。这样，就保证了人员的安全。 　　机器人采用锂电池，通用化程度高，续航能力强。控制使用安卓手机，十分普遍。 　　1. 排雷时要保证人员安全，所以采用无线电控制。 　　2. 机器人应该比较轻便，容易携带，所以体积要小，并用密度小的材料制作。 　　3. 机器人需要体积小，电量大的电源，所以使用锂电池。 　　4. 机器人需要通过自身动力前进，并且使用机械手抓起物体。所以安装多个电动机和舵机作动力。 　　5. 机器人必须适应各种地形，所以采用摩擦力大的粗糙轮胎。	
	设计方案： 　　1. 使用电烙铁等制作线路板。 　　2. 使用 arduino-1.6.0 编程。 　　3. 利用蓝牙和窗口监视器控制。 　　4. 用铝合金和塑料制作外壳和机械手。 　　5. 用舵机和电动机作动力。 　　6. 为了满足质量体积要求，使用锂电池供电。 　　7. 采用摩擦力大的粗糙轮胎，适用于各种地形。 　　8. 机器人可以向各方向行进，且速度可变，非常灵活。 　　9. 机械手呈夹子状，夹起物体极易，机械手上下左右活动灵活自如。	
	模型制作： 　　材料：线路板、电路元件、塑料、铝合金、焊锡、焊锡膏 　　工具：电烙铁、钳子、刀、计算机	

续表

	工艺：焊接、编程、结构设计、技术试验、系统控制 **主要创新方法：** 　　头脑风暴，小组讨论，实践验证，搜集各方面材料，联系生活实际，保证机器人的可用性和易用性，团队合作，发挥各种创意。
设计过程	**创意故事概要：** 　　2028 年，在一次维和行动中，指挥部派乙和军事素质强的甲抄小路去敌军后方探察情报，谁想到他们闯入雷区，乙无意间踩中地雷，由于地雷出现故障，乙受了伤但侥幸没有死，他们周围还有不知多少地雷。正在他们不知所措之际，甲大喊一声："不要乱动，跟着我，我来排雷！"乙非常疑惑，不敢相信眼前的一切。只见甲熟练地开始排雷，这样，一条安全的道路被开辟出来了…… 　　劫后余生，乙正在高兴之际，却发现甲脸色苍白，满脸冷汗。突然，甲倒下了…… 　　只见甲目光呆滞，喉咙里发出冷冰冰的提示音：能量不足，能量不足……乙十分震惊，站在原地不知所措，直到指挥部派来了支援…… 　　原来，甲是最新开发的人形机器人。它向指挥部发送信息，指挥部传输来了排雷程序。所以甲才成功地拆掉了所有地雷，但由于能量不足而显出原形…… **设计草图：** 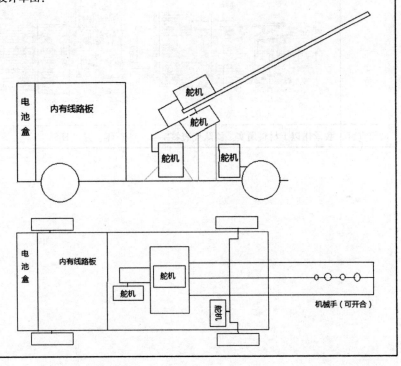

设计过程	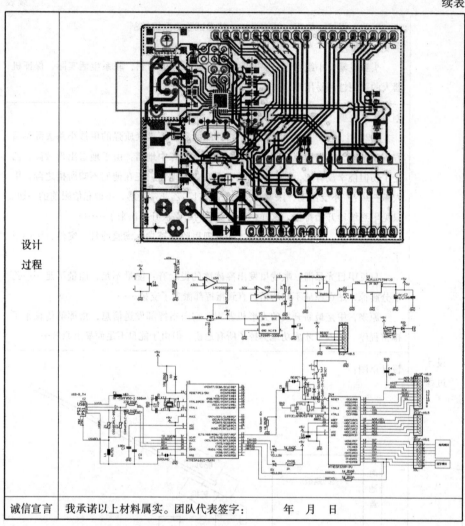
诚信宣言	我承诺以上材料属实。团队代表签字：　　　　年　月　日

龙朔队

题目	结构类——终极挑战	
设计时间	**开始时间：** 2015 年 2 月 7 日	
	完成时间： 2015 年 3 月 25 日	
设计过程	**问题缘起：** 　　在地理课的学习中，我们了解到泥石流的巨大威力。课后我们又搜索了相关资料。从以往的新闻中，我们发现我国南方在暴雨后经常遭受这种自然灾害侵扰。于是我们想到利用我们学习的知识设计一个能够帮助人们战胜这种灾害的武器。所以我们想到设计一个在山坡上使用的承重结构。一方面它可以在救灾时为抢险搭建一个平台，另一方面也可以用来在泥石流发生前安放在山坡上阻止泥石流向下冲毁房屋。	
	设计方案： 　　结构主体以立柱、木框、斜柱、捆绑线和防滑套构成。 　　四根立柱位置位于正方形四角，立柱上、下部分别用正方形木框连接，每两根立柱间用斜柱连接，固定线两端在两木框同一边（位于斜坡靠上位置的一边）两端，捆绑线在立柱外侧。 　　结构以四根立柱分担载荷，分别计算长度以适应坡度；通过实验确定立柱直径，使之在保证称重性能的同时减重；木框使四根立柱构成整体，增强稳定性；通过外部捆绑线防止结构解体；为防止结构扭曲，增加斜柱构成三角以增强稳定性；斜柱采用塑料空心管即吸管以减轻重量；防滑套套住安全圆柱，防止结构在斜坡上滑动，使之位置固定；各木柱间用胶粘接的同时用牙签作为木钉钉接	
	模型制作： 　　材料：桐木，鱼线，胶，牙签，胶带 　　工具：手工刀，刨子，手钻，锯，砂纸，剪刀 　　工艺：熟悉图纸，准备材料工具，加工各部件，组装粘接各件，砂纸打磨， 　　　　　核实模型是否与要求相符	
	主要创新方法： 　　理论计算，实验，查询资料，咨询教师	

| 设计
过程 | 创意故事：

堂吉诃德的第四次冒险

人物表：堂吉诃德、桑丘、建筑小巨人五人组合

旁白：堂吉诃德来自西班牙，是一个骑士，曾有过三次行侠冒险，吃了不少苦头，在邻居参孙和仆人桑丘的帮助下终于清醒了。他听说中国是一个美丽的国度，就不远万里来到中国。这是他的第四次冒险，他凝神四处观望。（建筑小巨人五人组合上，手持图纸，面带微笑）

建筑小巨人：（五人组合正研究建造承重桥梁）我们要用最强大脑，建造史上最强承重桥梁，这是我们的梦想，我们的追求。我们一定会成功！（建筑小巨人将桥梁安置好，静候成果的最后检验）

（堂吉诃德上）堂吉诃德：我是堂吉诃德，我来自西班牙。前三次行侠冒险让我吃了很多苦头，人们都在嘲笑我。现在我终于清醒了。我是西班牙的精神巨人。（无限深情地）哦，自由！哦，理想！现在我的中国之旅马上要开始了。好美的国家！我要永远生活在这里，这就是我的第二故乡。马儿，你快点走！（堂吉诃德骑着瘦马来到桥上，驻足，西班牙语两句）堂吉诃德：哦，多了不起的建筑，多么了不起的杰作！哦，《马可·波罗游记》里可没有记载！我是在梦里吗？（陶醉状）

旁白：风来了，雨来了，洪涝灾害来了。（学生乐器演奏）

建筑小巨人：我们的桥梁用了最结实的材料，最稳固的结构建成，我们不怕，我们要成为建筑史上的小巨人。

堂吉诃德：（后退很多步，急切高声呼喊三遍）桑丘……桑丘……桑丘……

（桑丘迈大步上）堂吉诃德：桑丘，这是什么桥，连洪涝灾害都不能使它垮掉，难道我又患上了"游侠狂想症"吗？哦，桑丘，我真的没救了吗？

桑丘：主人，你很清醒，你就生活在现实中。这是唐山一中的同学们建造的承重桥梁，他们在进行桥梁的最后测试。人生有三条路，一条用心走，叫梦想；一条用脑走，叫智慧；一条用脚走，叫现实。孩子们用梦想，用智慧建造了迄今建筑史上最承重桥梁。

堂吉诃德（感慨地）：啊，桑丘，你说得真对。我也要写一部游记，它的名字就叫《堂吉诃德游记》！我也要像马可·波罗一样做一位伟大的旅行家！旁白：（大声惊恐万状地喊）泥石流来了。

堂吉诃德：（武术表演，用功力将巨石搬走，挽救了无数人。）还好我早有准备，我学会了中国武术，我爱中国功夫，我爱中国！呀，我真的变成了可以挽救世界的超级骑士！ |

续表

设计 过程	设计草图： 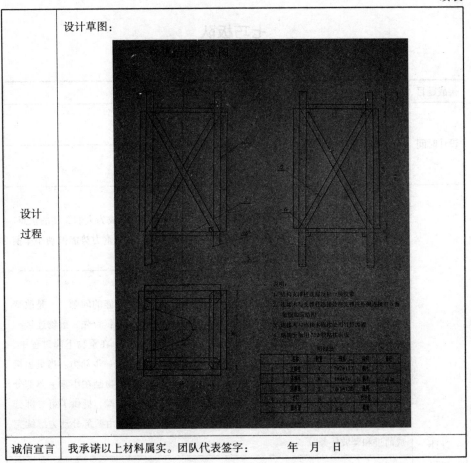
诚信宣言	我承诺以上材料属实。团队代表签字：　　　　年　月　日

七巧板队

挑战题目	控制类——无碳小车	
设计时间	开始时间： 2014 年 12 月 30 日	
	完成时间： 2015 年 3 月 25 日	
设计过程	问题缘起： 　　随着科技不断进步，如何优化能源结构、减轻环境污染成为人们关注的焦点。在学习完功能关系后，本小队便利用课余时间研究如何利用重力势能推动小车前进这一问题，希望以此锻炼动手能力，启发创新思维。	
	设计方案： 　　本小车的设计从两个方面出发，解决重力势能转化为动能的问题。一是改变动力方向问题；二是提高转换效率。无碳小车运动原理如下：首先，重物连接一韧性好的长绳，此绳绕过两个定滑轮缠绕在主动轮的轴上，在重物下降过程中，轴上的线不断受到向上的拉力带动车轮转动，为小车提供第一步动力。当重物接近小车主体时，轴上的线已完全脱离，以防倒缠。然后，重物砸在小车主体部分的挡板上，挡板转动推动圆柱形铁块滑行；继续撞击小车前端，提供了第二部分动力。此时，重物压在挡板上端，挡板下端卡住铁块，小车由两部分动力继续完成前进和爬坡任务。	
	模型制作： 　　材料：钢板或铝板、橡胶轮胎、线、铁块、定滑轮 　　工具：剪刀、砂纸、螺丝刀 　　工艺：机械加工小车轴承、翻板等	
	主要创新方法： 　　结构参数优化设计、降低小车重心、减少摩擦、能量损失最小化	
	创意故事概要： 　　舞台剧：《我所应得》 　　场景：正殿，小公主罗拉的寝宫 　　人物：老国王，大公主托妮，小公主罗拉，大公主侍女，小公主侍女 　　概要：公主托妮从外面疯玩回来，来到妹妹罗拉的寝宫，不慎坐到了妹妹刚做完的战车模型上。可罗拉并没有大哭不止，托妮问其原因，罗拉回答因为是自己最亲爱的姐姐弄坏的，所以她不会往心里去。	

续表

设计过程	十年后，老国王驾崩。老国王临终前将王位以旨意的形式传给了他最爱的大女儿托妮，惯例规定新国王必须遵从老国王的遗愿。小公主罗拉听说托妮得到王位后在寝宫里大发脾气。她认为自己精明强干，比姐姐更适合作为王位继承人，王位是她理应得到的。但依照惯例，王位必定是托妮的，不可能传到罗拉手中。盛怒之下，罗拉心生歹念，命令侍女开出自己研制的新型战车（我们的创新设计）向正殿出发，让姐姐见识自己的厉害。在正殿大门前，托妮的侍女要求他们下车，罗拉的侍女非但不听，还用战车打伤了她并把她捆了起来。罗拉手持匕首登上了正殿，看见托妮正对着满桌的文件发呆。她气愤地斥责托妮的懈怠并声称自己才是最称职的女王，王位应该属于她。在大公主侍女和小公主侍女的共同目击下，罗拉刺死了托妮，夺得了王位。大公主侍女不得不承认罗拉成为女王，但内心鄙视着她。 几天后的一个深夜，罗拉驾着战车从皇宫后门溜出，来到郊外。她发出了一个暗号，一个影子从黑夜中闪出，是大公主托妮。其实她并没有死，而是与妹妹联手演了一出戏。托妮从小热爱山水，追求个性，想要做一个快乐的普通人。她无意王位，但又不得不遵从老国王的遗愿。她求妹妹假装杀死自己，这样她就可以离开皇宫，自由地生活。罗拉也能充分发挥才干，两个人都得偿所愿。尽管发动政变弑君篡位会受到鄙视，但为了实现姐姐的愿望，罗拉同意了这个计划。如墨夜色中，罗拉将战车送给姐姐，在依依不舍中目送姐姐离开。

设计草图：

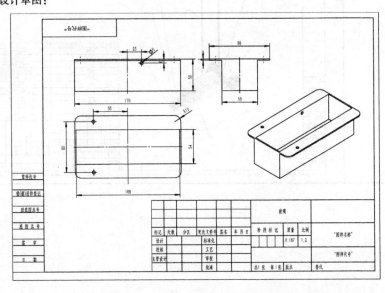

续表

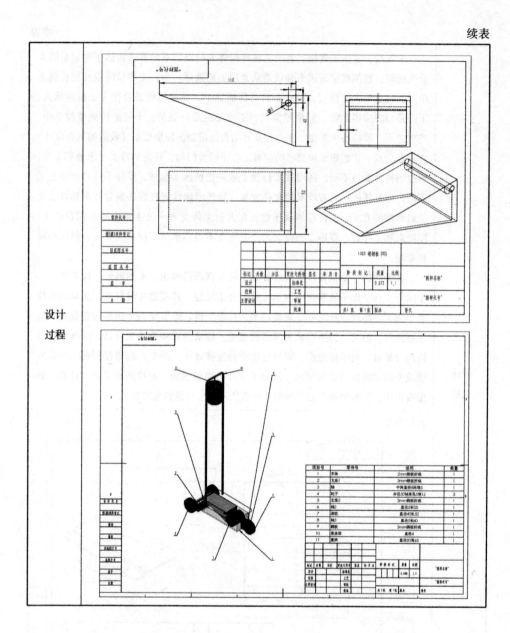

设计
过程

设计
过程

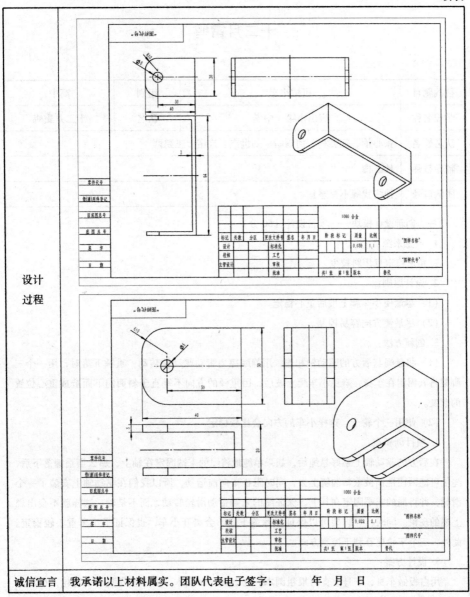

诚信宣言 | 我承诺以上材料属实。团队代表电子签字: 年 月 日

十二月雷鸣

挑战题目	机械小车		组别	高中
学校名称	唐山市第一中学		队名	十二月雷鸣
队名姓名	张心怡、陈震林、何雨晴、刘世杰、许诺、王鹏博			
辅导教师	杜玉梅			
团队口号	神将我等不畏寒！			

一、创新设计模块——项目设计（50分）

1. 灵感来源：

三角形稳定且用料较少。

2. 设计原则：

（1）尽量使小车爬上坡后重心稳定。

（2）尽量使方向容易控制。

3. 创新方法：

（1）将悬绳与后方的驱动轴相连，用静摩擦力带动驱动轮转动，重锤下落时，用一个三脚架将其固定在车身，避免小车爬上坡后，因重锤的方向不垂直于斜面向下而造成重心位置的改变。

（2）使用三个轮子，这样小车的方向会比较稳定。

4. 项目创新点：

在后方的驱动轴上系好悬绳后，如果单纯地将绳的末端固定在轴上，那么当重锤落下后，绳子可能因惯性而被重新缠绕上去，同时阻止车向前运动，所以我们在驱动轴上安装了一个滑轮，并将绳的末端固定在其上，保证绳的末端带动滑轮转动，而不是轴，这样就不会出现上述的现象。同时，三脚架可以保证重锤落下后不会离开小车，也保证了小车重心较稳定。此外，三个车轮更有利于控制方向。

5. 设计方案：

用白板做车身，车身上支两根粗圆木，杆上放一个横木，横木上安装一个滑轮，在其上悬挂重锤，悬绳通过车身后方的洞口，绕在经过上述"项目创新点"所述的驱动轴上，轴的两侧放两个滑轮，将轴固定在车身的后部，车的前方粘上一个木轴，洞中安装车轮，最后在车身中央重锤下落的目标点附近用扑克牌和牙签、木棒做一个三脚架，固定在重锤的正下方的车板上。

续表

6. 设计效果图：

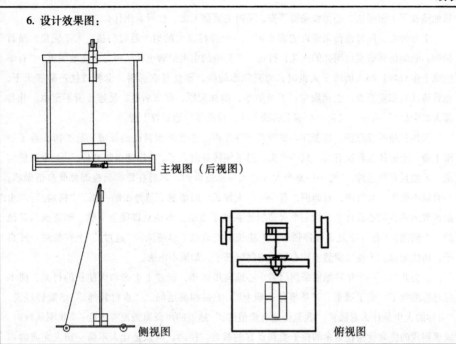

主视图（后视图）

侧视图　　　　　　　俯视图

二、人文设计——创意故事（30分）

心之格局

唐山市第一中学 十二月雷鸣

　　天使长一只脚刚迈出门，热闹的人声就戛然而止。灿烂的阳光泻在人们的脸上，映出了各种紧张和欣喜。但天使长只喜欢站在楼的阴影下。"诸位都是通过了初审的人，"他很干脆地说，"下面我将奉上帝之意，对大家进行人格评级，来判定每个人是否有资格成为天使。这次上帝的评级标准是……"天使长"哗"一下撕开手中的信封，里面只是一张小小的白纸。

　　"是……格局？"一笔一画那么平常，凑成的字却如此怪异，天使长一下子蒙了，话的最后一个字带了明显的升调，余音在空气中震荡，一遍一遍传回他自己的耳朵，让他打了个哆嗦。"格局。"他故作镇定地又用降调重复了一遍，好挽回些自己威严的形象。台阶下的人们依旧用敬畏的神情望着他，他却只感到一股冷气骤然从脚下直冲到头顶。格局！格局是什么！他后悔自己最近光放松了，没有提前看信封，现在面对这样的题目，他头脑里一片空白。他不能让上帝知道，不然上帝会觉得他有工作态度上的问题，这在天堂是很严重的事。天哪！这么大的事，自己怎么就没有重视呢！

　　"十分钟后开始考核。"天使长咬着嘴唇转过身，缓缓走入大厅，尽量保持庄严的样子。刚一拐弯他就狂奔起来。焦急地推开自己办公室的门，还未来得及喘口气，他惊得几乎仰面倒下——上帝正坐在他的座位上，微笑着看着他。

　　天使长脸色苍白，也勉强笑了一下，笑得很不自然。他明白了，他怎样想的、怎样做的，眼前这个人全都一清二楚。"我先考核几个人。"上帝收起笑容，将目光转向门外。天使长顺从地站在了上帝旁边，心里躁动着不安，不时去观察上帝，也没看出什么。

十分钟后，门外便传来渐近的脚步声。一个身材高大的男子越过门槛，大步流星，昂首挺胸，眼睛仿佛迸溅出明亮的火花，行过一个标准的中世纪骑士礼，声音洪亮地说道："有幸能睹上帝尊容！鄙人历练于人世时，刀光剑影能闯，箪食寡衣忍得，也曾竹仗芒鞋探天下，也曾诗词名家览万篇。上至殿堂，下至陋室，雨林荒原，都市名胜，足迹无所不至也。此乃鄙人之资格！"说完，又是一个端正的骑士礼，神色泰然地看着上帝。

天使长越听越吃惊，连着在心里赞叹了好几声。忽然想到自己的处境，赶忙扭头看了一眼上帝。上帝什么都没有说，只一点头，男子便转身出去了。"你觉得怎么样？"上帝忽然问道，天使长有些意外："嗯……是个大气之人，见过世面，况且在您面前也能如此自信傲然，一看就不简单。有气魄，有胆识，有……"天使长一时语塞，忽然眼睛一亮。"格局！"一个洪钟般的声音从心底传来，像一个火苗忽地刺破了黑暗。但他立即闭上了嘴，毕竟这只是他的一个猜测，"有"字就这样停顿着。天使长不安地咽了口唾沫。"通过！"上帝忽然一捶桌子，痛快地说。天使长骤然感到心里的疙瘩解开了，却笑不出来。

一会儿后，一个年轻姑娘来到门旁小心地向里张望，正迎上上帝和天使长的目光，便不好意思地笑了，走了进来。"从事什么职业？"上帝和蔼地问。"乡村教师。"姑娘轻轻说。"对你的人生是什么看法？""我觉得是有价值的，"姑娘的声音温婉而有力度："我刚从教时，就感到我的使命就是让更多的孩子受到良好的教育。使命，应该是让人不惜一切去完成的东西。所以我去了大山。"

上帝意味深长地看了天使长一眼，天使长刹那间确定了上帝的所有用意。"概括一下。"姑娘出去后，上帝随意地问道。"爱心，责任心，使命感。"天使长脱口而出。"通过！"话音未落，天使长一步跨到上帝面前，立正挺直，义正词严地说："您所说的格局指人的生命格局，也可以说是心的格局，有关因素为胆量，见识，使命感，爱心，责任心等。"又一深鞠躬，一直没有起来，"我身为天使长，以上几点都没有做到。我没有负起应负的责任，也一直没有胆量承认自己的错误，没有增进自己的学识，也没有为他人奉献，只是在坐享俸禄，实在……"天使长咬咬牙，指甲都抠进了肉中，"不该再担任天使长一职，请求上帝宽恕。""唉。"天使长在心里感叹一声，心中后悔不迭。

仿佛过了很久，天使长听到上帝叹息一声："行了，过而能改，善莫大焉。"天使长不可思议地抬起头。"其实吧，"上帝恢复了平时悠然的语调，"格局还有另外两个重要因素，智慧和眼光。你总能悟到我的意思，是绝对聪明了。而你最大的优点，在于赏识人才，可谓有眼光。胆量，智慧，使命感，见识，爱心，责任心，眼光，满足其二，为常人之格局，已经不错了。而满足全部，才是英才之格局。格为人格，先成人，后成才。人格端正，认真做事，该是你的格局。"上帝缓缓说着，起身，慢慢消失在门外。

天使长望着上帝的背影，深深舒了口气，霎时感到自己的内心也像窗外的阳光一样明朗了。室内的物品在阳光的缝隙中投下一道道暗影，天使长忽然发现自己太久未整理，办公室内已堆积了不少杂物，简直阻挡了阳光。天使长把它们统统扔进垃圾桶后，端坐在办公桌前，心平气和地叫着："下一位。"

星火燎原队

挑战题目	负重致远		组别	高中
学校名称	唐山市第一中学		队名	星火燎原队
队名姓名	董岱泽、刘纯、刘优然、李家茵、计凌宇、张楚雯			
辅导教师	于四川			
团队口号	播撒创新的火种，点燃希望的未来。			

一、创新设计模块——项目设计（50分）

1. 灵感来源：塔吊。

塔吊？是的，塔吊！是它使一座座高楼拔地而起，是它立下赫赫功劳却默默无闻。它身材纤细却能力拔千钧，它直冲云霄却能巍然屹立。塔吊，结构简单，牢固可靠，既能承受垂直方向的压力又能抵御水平方向的风力和扭力。借鉴塔吊的结构，可以保证结构的安全可靠、牢固稳定。

2. 设计原则：

简单实用、安全可靠、牢固稳定、节材环保。即根据结构测试器存在斜面的特点，选择能同时抵抗垂直压力和水平拉力的适用结构；通过对结构材料的合理使用，充分发挥不同材料的力学特性，从而保证结构的安全可靠、牢固稳定；通过简化结构形式和合理设计，实现设计的节材环保。

3. 创新方法：

（1）借鉴塔吊标准节的结构形式，结构上部采用立柱与水平杆和斜杆结合的形式。

（2）通过在结构侧面增加斜杆来加固结构，提高结构抵抗水平方向变形的能力。

（3）利用鱼线抗拉能力强的特点，用渔线沿横向杆件捆住四根立柱，提高结构的整体性和抗水平变形能力，降低结构破坏的风险，提高结构的安全性和可靠性。

（4）利用牙签紧固渔线。

（5）用吸管套住斜杆和水平杆，提高杆件抗弯折能力。

（6）连接立柱两端的水平杆件低于立柱端点且不承重，使荷载集于立柱，从而节约材料和减轻结构重量。

（7）结构与测试器斜面贴合部分粘贴IC信纸，使贴合更紧密以增大摩擦力，提高结构抗侧滑能力。

（8）用斜杆支撑与测试器斜面贴合的斜杆，并在结构倾倒时使斜杆卡住测试器边缘，提高结构抗变形和抗倾覆的能力。

4. 项目创新点：

（1）塔吊标准节结构形式的采用。

（2）利用吸管提高杆件抗弯折能力。

（3）利用渔线提高结构整体性和抗变形能力。

（4）利用牙签紧固渔线。

（5）使垂直荷载作用力集中于立柱。

（6）用 IC 信纸增大结构与测试器斜面的摩擦力，提高结构抗侧滑能力。

（7）使用不承重的较细的水平杆，节约材料和减轻结构重量。

5. 设计方案：

结构以类似塔吊标准节的四棱柱形式为基础设计，结构体长 68 毫米，宽 68 毫米，高 112 毫米。采用桐木条、胶水、渔线、吸管、牙签、IC 信纸等六种材料。桐木条用作立柱和杆件，胶水用于粘接，渔线、吸管和牙签用于加固，IC 信纸用于提高贴合性和增大摩擦力。采用四根 4×4 毫米桐木条作为立柱，用两根 3×3 毫米和 18 根 2×2 毫米桐木条作为连接杆，使结构成为一个整体，其中水平杆和斜杆各十根。上下层水平杆均低于立柱端点，使结构承受的荷载集中于立柱。立柱、连接杆及连接杆之间用胶水粘接。连接杆十字交叉的部位用渔线绑扎，立柱也用渔线沿水平杆绑扎以加强结构的整体性。渔线用牙签紧固。接触测试器斜面的水平杆和斜杆与测试器紧密贴合，杆件底面上用胶水粘贴 IC 信纸以增加其贴合性和摩擦力。2×2 毫米的连接杆套上吸管以提高杆件抗弯折的能力。

6. 设计效果图：

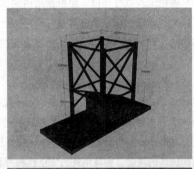

二、人文设计——创意故事（30分）

蓝色的火焰

唐山市第一中学 星火燎原队

旁白：陈杰是一位2040年毕业于北大的研究生，毕业后怀着满腔热血，带着无限憧憬，进入了一家国家设立的工程研究院。一天，陈杰和科研小组人员研究讨论项目开发问题。

同事甲：最近国家要求我们研发一个新的项目，大家都考虑一下，出谋划策，集思广益！

同事乙：是啊，我也一直在考虑这个问题，到底研发什么项目，既要有创新性，又要有研究价值，既能为国家填补一项空白，又能为全人类做出贡献。

这时，在一旁的陈杰突发奇想。

陈杰：最近我搜集资料发现，世界上在海底可燃冰开发方面还是一个空白，国家培养了我们这么些年，如果开发成功，将为我们的国家带来巨大价值和荣誉！

同事甲：一语惊醒梦中人，我也早有这方面的想法，看来今天大家不谋而合，好，那我们就朝这方面努力了！为了我们共同的目标，加油！

旁白：实验室的灯光彻夜不熄，映照着他们忙碌的身影，时而有静静的沉思，时而有激烈的讨论，时而又是噼里啪啦的键盘敲击模拟与运算的声音，一个个新的方案诞生，又一个个被否决，但都挡不住研发人员满腔的热情！大家为了一个目标，废寝忘食，不遗余力！

小组的又一次讨论——

同事甲：目前我们面临的问题是，鉴于深海压力大，温度低等状况，如果直接开发，可燃冰极易升华为甲烷等气体，然后造成温室效应……大家看有什么好办法？

陈杰：可以换个角度想想，能不能在深海开采过程中直接让可燃冰变成甲烷，利用压强差将甲烷直接传输到海面，为我们所用呢？

同事乙：这想法是好，但风险大，耗资多，技术上也有困难！

陈杰脸上露出失望的表情。

同事甲：别灰心，咱们再完善完善！

旁白：国家对于陈杰等人上报的可燃冰开采方案极其重视，从资金到技术上都给予大力支持。陈杰等研发人员夜以继日，投入忘我的工作中！功夫不负有心人，他们最后终于制定出完善可行的实施方案，并顺利通过！

陈杰（伸懒腰）：终于完成了，一想到咱们的方案就要实施了，心里无比地高兴与自豪！

同事甲、乙：高兴，预祝我们的方案顺利实施！

旁白：一个月后，一支船队出现在中国某海域，船队由一艘"科学号"科考船和几艘大型运输船组成，几艘运输船围成一圈，船上的工作人员忙着向一个"铁疙瘩"上安装一节节的管道。那"铁疙瘩"看上去就像一只水母，它的中间是一个合金空舱，合金空舱下面是一圈合金柱。合金空舱中有提取装置，将用于提取和收集可燃冰，合金柱将被插入海底，起到固定合金舱的作用，以保证在提取过程中的安全。"铁疙瘩"上面是两根管道，一根用于抽海水，一根用于输送甲烷气体。此时陈杰正和几个工作人员进行交流。

陈杰：请问大家有人去过深海海底吗？

工作人员 A：我去过，我当时是乘着蛟龙号深潜器去的，目的是考察可燃冰分布情况并检测质量，如果这次你们的研发项目能够成功，那可真是为国家做出巨大贡献了！

陈杰（目光充满期待，面带自信地）：会的，一定会成功的！

旁白：在蔚蓝的大海上，在阳光的照耀下，涂着蓝漆的机器泛着亮光，工作人员正在有条不紊地忙碌着，很快，机器上的几根"触角"就安装完毕，机器缓缓沉入水底，在电脑控制下，固定在了深邃的海底。

第二天，工作人员早早来到现场，继续工作。陈杰站在甲板上，边看图纸，边指挥工作人员进行安装与调试。又是一整天的忙碌，管道全部组装完毕。为了保证安全，深潜器潜入海底检查安装情况。陈杰在甲板上来回踱步，焦急等待着。突然，传呼机响起……

陈杰（急切地）：情况如何？

工作人员 B：我仔细检查了深潜器传回的图像，没发现异常，试验可以开始！

陈杰（面露兴奋）：太好了，第一步顺利通过，下面开启提取装置，准备试验！

旁白：合金空舱接收到信号，开始运行，可燃冰源源不断地被提取到合金舱里！

陈杰：开启抽水管道。

旁白：抽水管道缓缓开启，大功率的抽水机将残存在合金舱的海水慢慢抽出，随着合金舱内压强的降低，可燃冰渐渐升华成了甲烷，从连接合金舱的管道出口中喷出……实验获得了成功！

陈杰（激动）：我们成功啦！

旁白：大家欢呼雀跃，激动地拥抱在一起！（音乐）

陈杰（眼含热泪，激动兴奋）：我们成功了！不管付出了多少，一切都是值得的！为了祖国的强大，为了民族的荣光，加油！！

旁白：不久，以陈杰科研小组的研究成果为基础，深海可燃冰开发利用实现了工业化生产，大量从深海开采的甲烷经加压液化后由轮船源源不断地运输到港口，再通过管道输送到各个城市和乡村……

旁白：一年后的一天，陈杰看着燃气灶上那跳动的蓝色火焰，欣慰地笑了……

全体：老师们，同学们，不管肩负着多么艰巨的使命，承担多么巨大的压力，只要胸怀祖国，胸怀世界，矢志不渝，负重至远，锐意创新，一步步地向着目标前进，就一定能够实现我们的目标！

剧终

星火

挑战题目	负重致远	组别	高中
学校名称	唐山市第一中学	队名	星火
队名姓名	高原、熊宋腾霄、曹泽坤、张轩硕、孟辰烨、曾凡睿、刘奕		
辅导教师	龚志会		
团队口号	我们的星火必将点亮大赛，闪耀未来！		

一、创新设计模块——项目设计（50分）

1. 灵感来源：

（1）汽车玻璃等其表面含有膜或网状的材料。

（2）大桥、塔等使用三角形支撑结构。

2. 设计原则：以最简单的三棱柱结构为基础，充分利用所给材料，在规则范围内尽可能发挥其作用，并保证整体结构的轻巧性。

3. 创新方法：

（1）运用已学过的三角形稳定性，物理的力学分析等理论知识。

（2）结合实际制作，验证方案的可行性。

（3）结合相关比赛规则。

（4）参考生活经验。

4. 项目创新点：

（1）采用吸管套桐木+桐木的复合支柱方式。

（2）采用胶水+鱼线+胶带的复合固定方式。

（3）针对测试装置的斜坡，链接卡槽结构。

5. 设计方案：

以三棱柱结构为基础，三根支撑柱由"两吸管套桐木结构+一桐木"构成，确保装置的承重能力。根据规则需要，将一根支撑柱下端削短，并在下部对三根支撑柱采取"两斜杠+一横杠"的桐木固定方式，并在"两斜杠"上加两个小立柱，构成卡槽结构。在装置靠近上部位置，使用正三角形结构进行固定，并将构成的每个四边形侧面，使用桐木划分成两个稳定的三角形结构。

6. 设计效果图:

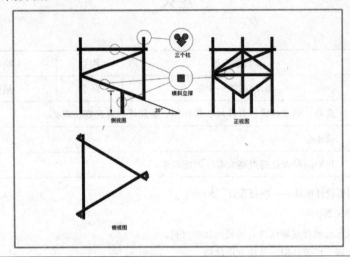

二、人文设计——创意故事（30分）

心之所向

唐山市第一中学 星火

漆黑的夜晚，暗得让人感觉没有一丝希望，但此时，蓦地发现一颗彗星，亮得耀眼，扫过天际，洒下光辉，向着太阳的方向，那是它的目标。

明媚的早晨，太阳的光芒穿过香樟与香樟间的缝隙，越过窗沿强有力的打在淡青的宣纸上，也如光芒般有力的，便是华湘落在宣纸上的"目标"二字。她眼神中流露出利刃般的坚毅，手中如握龙，苍劲有力，每一笔都饱含着她的热情与希望，每一划都是充满生机的存在。

"吱呀"一声门响，小叶子像往常一样蹦跳着进来，而与往常不同的是，她的眼睛里闪着更加灵动的光，紧接着是她兴奋的语气："华湘，华湘，难得一遇！国家发明展！听说承重领域推出新生，就在科技馆，快点，快点！"华湘心中如划过一颗彗星般，坚定的眸光细微颤动，这唯一可令她为之所动的理由。科学的魅力，带她随小叶子而去。

在浓密的香樟下，两个女孩步履轻盈，因为她们向着心的方向，香樟的掠影在女孩肩上跳动，也跳动在迎面而来的人身上——宋腾、戴维。挚友一道，总会不约而同地谈论起可令对方关心的话题。宋腾："听没听新闻说，一大楼在建设中突然倒塌，造成多大损失先不说，最悲痛的是遇难者数十人，唉……"戴维："我知道这事，官方调查表明好像是大楼在承重上出现了问题，真是害人不浅啊！"华湘："唉？正好我们两个要去看发明展呢，就是关于这方面，一起走吧！"宋腾："真的有发明展吗？带我去！"挚友一起总是津津乐道。

大地被阳光洗礼着，返出耀眼的光斑，其上承载着四双前进的脚步，转过路口完全避开浓密香樟的遮挡，宽阔的操场才得以显现眼前。"唉？那不是恩泽吗？""嗯，还真是，他准是又在为他的表演苦练呢！"他们一拥而去。"唉唉唉，先别光顾着练了，有个重大消息！"恩泽还不了解发明展的情况，脸上满是严肃和对这大呼小叫的不屑："啥事儿？"但小叶子依旧眉飞色舞："哈哈，不知道吧，那就让我这个……"宋腾可受不了她没完没了的卖关子："是科技馆的发明展，承重领域的，一起去看？"说着，他便把手搭在了恩泽的肩上。登时，恩泽少有地抛下严肃，停下手中的空竹："真的？为什么没早点和我说？等下我，我去把空竹放到楼上去，一定要等我！"话音未落，他便风一般地跑向了教学楼。

不知是因剧烈运动的劳累，还是抑制不住心中的激动，恩泽到达教室时，便已是气喘吁吁。推门而入，又是一副令人毫不吃惊的画面：两位热爱物理的学霸正一如既往地研究着那复杂的力学问题。"华彦，你看这道题，这个装置的承重是怎样的？"一听到这儿，恩泽匆忙的脚步便停了下来，他在心中暗喜又找到两位同道中人，激动中带着些骄傲的笑容："嘿！发明展去不去？承重界的新生！"科学真的有一种无法用语言形容的魔力，一样的令人痴狂，一样的令人为之难抑，一样的令人奔涌……

阳光下，七个满载青春朝气的少年。他们身上映着灿烂的、耀眼的光芒。奔跑的步伐落在科技追梦的路上，奔向那心之所向的地方……

昔日泥土里的小草终突破地面，香樟高扬着更加茂盛的树叶猎猎捕风，时间乘着白马，绕过太阳，不觉间，一个月的时光，悄然殆尽。

始终在追梦的路上的少年不停探索，戴维又抱着他的宝贝图纸进来了："恩泽，你看我新做的设计怎么样？"恩泽一脸认真，仔细打量了一番："不错，但还有可以改进的地方，宋腾，你说呢？""确实，"宋腾同样是一脸认真，意味深长地说，"可不管怎样，我们都要为科技做点贡献啊！"

没错的，少年强则国强，潜力科技路，始于少年足。

开阳

挑战题目	扶摇直上	组别	高中组
学校名称	唐山市第一中学	队名	开阳
队名姓名	王宇轩、杨宇轩、刘嘉奥、程珺飞、郑王佳卉、王灏楠、徐文轩		
辅导教师	杨小平		
团队口号	展我之翼，逐我之梦。放飞梦想，希望起航。		

一、创新设计模块——项目设计（50分）

1. 灵感来源：

我们在学校创客空间学习无人机的相关知识时，发现现有无人机都或多或少存在某些不足：续航时间短，抗干扰能力差，定位系统信号不稳定，定位误差较大，在操作不当时易对机体造成损害，在紧急情况下飞机不能自动做出反应。这都对无人机的飞行效果和使用者的操作效果带来了缺陷，基于我们对无人机领域的热爱和创新的精神，我们决定对现有无人机进行完善。

2. 设计原则：

在不改变无人机原有性能的基础上，尽可能修改技术缺陷，提升各方面性能，优化操作效果和体验。

3. 创新方法：

在无人机上装载太阳能发电片、重力传感器、声呐和微型智能电脑

4. 项目创新点：

多信道多频率信号传输器，GPS、BDS、GLONASS三定位系统，微型电脑智能自动控制，太阳能光伏发电板，声呐。

5. 设计方案：

（1）使用高能量转化比硅基光伏发电板覆盖无人机的顶部外壳，利用在高空颗粒物较少、对光线削弱较小的优良条件进行光伏发电，将光能转化为电能，延长其滞空时间。

（2）利用比能量较高的智能锂离子电池，与遥控器同步显示剩余电量，并在电量不足时强制安全返航。

（3）改进控制方式，使用多信道多频率选择方式控制飞行。

（4）增加微型电脑，在连续接收到无规律指令信号时自动悬停，并自动控制飞行；并在某些功能不使用时自动关闭，以节省电源；在正常飞行时对飞机进行自动飞行修正和保护，并将飞行参数实时显示在移动设备终端上。

（5）增加重力传感器，在紧急情况下结合声呐信号分析自动紧急降落，并通过控制电机间接停转将最大降落速度控制在可安全降落且不会对机体造成损害的范围内。

续表

（6）增加声呐，在降落时对地面进行扫描，确定下垫面符合降落条件时进行降落操作；在设定航线飞行时对航线进行障碍物扫描，确保飞行安全。

（7）增加定位模块，使用 GPS、BDS、GLONASS 三定位，增强定位准确性，提升飞机性能。

（8）改进外壳结构和材料，使其既轻盈又坚固。

6. 设计效果图：

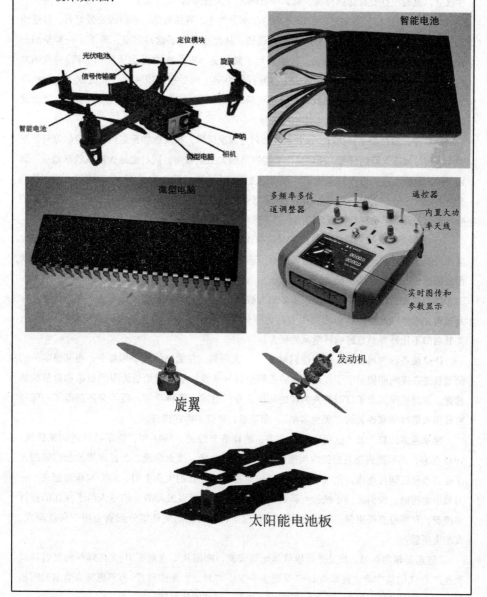

二、人文设计——创意故事（30分）

下一个目标：星空

唐山市第一中学 开阳

我是不是做错了呢？

漆黑的夜空，一眼望去，枯燥无味，只有一轮明月单调冷清。可闪闪发光的星点缀了这片夜空，夜的星空变得深邃神秘，冥冥中召唤无数人去探索。

"我叫阿尔伯特·布莱恩，1912年出生于东普鲁士，我的母亲，一位天文爱好者，曾送给我一份珍贵的礼物———架漂亮的天文望远镜，从此我迷上了这片星空，埋下了一颗梦想的种子。1925年，一次偶然的机会，我接触到了赫尔曼·奥伯特的著作《星际火箭》，我的梦想就在那一刻被点燃。我将坐火箭去太空旅行作为毕生的目标。1934年，我完成了在柏林洪堡大学的毕业论文《液体推进剂火箭发动机理论与实践》并获得了特优。我的学生时代就此画上了完美的句号。但我的故事才刚刚开始……"

1933年，希特勒上台执政，火箭研发被列为国家议程，布莱恩和瓦尔特·克劳尔等科学家被委派进行液体火箭的研究。他们来到了德国第四大工业城市，同时也是火箭试验基地——佩内明德。希特勒宣布进行D-2火箭计划用于发展国力。希特勒认为"D"代表毁灭，所以他们全身心地投入研究之中。其实在这时，布莱恩等就心存疑惑：D-2真的是用来发展科技水平的吗？直觉告诉他，希特勒没那么简单。但梦想和科学对他的吸引远超过心中的丝丝疑惑。

1942年，D-2研制成功，他到来时没有预警，并且摧枯拉朽，杀伤性极大。布莱恩的太空旅行梦想也更多地演变为一场生死之战。多年后，迟暮之年的老布莱恩回忆一生，还不禁泪流满面——他曾经满手鲜血，罪大恶极。

尝到甜头后，希特勒下令越来越多的人被用于D-2导弹的制造，开始是工人，后来又涉及奴隶、战俘以及集中营里的可用劳动力……他还秘密下令，将火箭研究所完全封闭起来，美其名曰不让外界消息影响科学家的研究。

D-2使各国闻风丧胆，因为他们对D-2一无所知，在紧迫的战争形势下，布莱恩唯一的消遣就是在夜晚仰望星空了，这时他的思路会异常活跃，星空带给他无限的想象和对梦想的憧憬。此时美国派出了以斯蒂夫为首的间谍，专门追捕火箭科学家。斯蒂夫还获得了一张写有德国火箭科学家姓名的"黑色名单"，布莱恩，克劳尔即在榜首。

越来越多的势力加入这场残酷的斗争，纳粹节节败退，1944年，盟军已推进到莱茵河，1945年春，苏军挺进至驻地佩内明德约160千米的地区，战火弥漫，昔日辉煌的德国第四大工业城市早已满目疮痍，当布莱恩与克劳尔走在满是瓦砾的大街上时，内心充斥着怒火——对战争的痛恨。他们此刻还被希特勒蒙在鼓里，对不明所以发动战乱的敌人给予深深的控诉和谴责，布莱恩想得更深：在如此不利的情况下，希特勒居然还能分配资金用于科技研究，真匪夷所思。

"这里是佩内明德，我是苏维埃战地记者安妮，刚刚我军发现了D-2在郊外的发射场以及生产D-2的集中营，我军离D-2又近了一步。""什么？集中营？"布莱恩和克劳尔面面相觑，心中的不安逐渐扩大，为了一探究竟，他们一路悄悄地尾随记者。

　　杂草丛生的荒地，一扇生了锈的破旧的大门，一座座破败不堪的白色矮屋，空气中弥漫着尸体腐烂的腥臭味，布莱恩的眼前是怎样的画面！尸体堆积如山，幸存者痛苦呻吟，这成了困扰他很长时间的恐怖梦魇。"据不完全统计，共有六万多名劳工，有两万左右的人死于疾病、饥饿与超额的劳动量，这远远大于 D-2 导弹所伤害的人数。"安妮正如实报道着，布莱恩却承受不住，倒了下去。

　　这天，布莱恩买来了很多酒，一瓶一瓶地灌下肚去，他颓废地躺在马路上，眼前是神秘的星空，布莱恩突然失声痛哭："我坚持的是梦想啊！我没有做错啊，可为什么，谁都瞒着我，让我成了什么也不知道的笨蛋……""不，你是天才，你发明了火箭，把航天事业引领到一个新高度。"克劳尔安慰道。"你没看见那些尸骸吗？一将功成万骨枯！""布莱恩！"克劳尔打断了布莱恩的话，直视着他，真诚地说道："我不希望你变得如此颓废，你要振作，要面对现实，尽你所能改变不期望的状况，作为你这么多年的搭档，我知道你有这个能力，相信我，我会尊重并支持你的选择。"听了老朋友一席真挚的话语，布莱恩红肿着眼，却也点了点头，内心充斥着感激。

　　第二天清早，憔悴的布莱恩疲惫地拿起桌角仆人放下的信件——是党卫军发来的十份文件，其中五份要求他撤退，五份警告他撤退就会被处决。

　　"呸！"布莱恩愤怒地把信摔在地面上，他还没从病痛中走出来，就遇到如此让人烦闷的事。"我还为罪犯工作到什么时候！"他狠狠地敲打着床沿，"我现在就走，一刻不留！"通知了好友克劳尔，并且得到了绝对支持后，布莱恩准备和他一起去往美国控制区。

　　一个晴朗的午后，预示着将有好运降临，布莱恩和克劳尔拦下一位神色匆匆的绅士，问道："实在抱歉，能问一下战况吗？毕竟天下还不太平，走错了可就糟啦——这里是美控区吗？""是的。"斯蒂夫不耐烦地答道，他刚得到一份情报，他们的榜首竟离奇失踪，无论是不明绑架案还是故意逃脱，都给他的追捕带来了不小的麻烦。"好心的先生多谢您了，那么能告诉我们哪里可以找到一份工作呢？我们刚从佩内明德逃出来，急需一份工作。""哪里？佩……"斯蒂夫的表情古怪起来，不由得抬头打量了他们一番，透过那两张风尘仆仆的面孔，他终于辨认出来："是……"他惊讶地看着布莱恩和克劳尔，旋即又住了口，"容我失礼，您二位是布莱恩、克劳尔？"斯蒂夫压低声音问道。"是的，怎么……"几天的逃亡，使二人保持高度警惕。"哦哦，没什么，请来这边我们慢慢聊一下……您二位介意吗？"

　　就这样，好运不期而至，布莱恩与克劳尔随斯蒂夫秘密回到了美国，开始了对 D-2 的和平改进和对大型运载火箭的研究。

　　这一次，目标是星空。

恋空

挑战题目	扶摇直上		组别	高中
学校名称	唐山市第一中学		队名	恋空
队名姓名	李天新、刘佳麟、田浩颖、甄鹏举、冯赞、杨熙平			
辅导教师	宋攀			
团队口号	能使我们肃然起敬的，唯有心中神圣的道德，而我们对星空的，只有向往			

一、创新设计模块——项目设计（50分）

1. 灵感来源：

随着互联网技术的发展，网上购物成为一种潮流。在刚刚过去的双十一里，无数"剁手党"又给物流造成了极大的压力。因此，无人机开始应用于快递行业。它通过利用无线电遥控设备和自备的程序控制装置操纵的无人驾驶的低空飞行器运载包裹，自动送达目的地，其优点主要在于解决偏远地区的配送问题，提高配送效率，同时减少人力成本。但仍然存在恶劣天气下无人机会送货无力，在飞行过程中，无法避免人为破坏，载重量低，容易受电磁波干扰，需要人力远程控制等问题，不仅增加了人力成本，而且有时导致买卖双方都会有不同程度的损失。因此，对无人机进行合理改造势在必行。

2. 设计原则：

（1）精准的 GPS 定位系统和自动识别记忆和追踪系统。可用 APP 随时提醒运送状况。

（2）抗压承重材料的选用。抗风结构的设计。磁屏蔽装置。

（3）自动复轨系统。当遭遇恶劣天气偏离既定轨道，自动进入休眠状态，待到天气好转，自动启动和复轨技术（压敏电阻，风敏电阻，GPS 自动识别和记忆）。

（4）遭遇攻击警报技术以及远程摄像技术。当遭遇攻击时，自动报警，与发件地相连，此时紧急转自动控制为人工控制，通过反馈照片判断现场情况，便于做出相应对策。

3. 创新方法：

（1）四个机臂机翼使其在空间上成四棱锥结构增强其稳固性和承重力。顶部流线型结构减小空气阻力。结构抗风设计必须满足强度设计要求。也就是说，结构的构件在风荷载和其他荷载的共同作用下内力必须满足强度设计的要求。

（2）引入智能的 GPS 导航识别记忆系统。在起飞前导入此次飞行路线。自动和人工双控。

（3）改进内部电路结构使其实现自动化启动和休眠。并引入报警装置电铃等。

（4）远程摄像。

（5）进行电磁兼容设计，外层增加屏蔽罩薄层，利用屏蔽体对干扰电磁波的吸收、反射来达到减弱干扰能量的作用。

4. 项目创新点：

（1）技术的改进使其变人工控制为自动控制。

（2）材料的选用和自动复轨技术解决了恶劣天气运输问题。

（3）警报技术便于对人为攻击进行有效回应。

5. 设计方案：

（1）处于风场中，迎风面受压力，背风面受涡旋力。因此使其长宽比2∶1，尽量降低高度以及流线型结构设计。四个机翼机臂增强其稳定性。

（2）电磁干扰（EMI）设计：可用屏蔽效率（SE）对屏蔽罩的适用性进行评估，其单位是分贝，计算公式为 $SE_{dB}=A+R+B$，其中 A：吸收损耗（dB），R：反射损耗（dB），B：校正因子（dB）。

在高频电场下，采用薄层金属作为外壳或内衬材料可达到良好的屏蔽效果，附加一个小型金属屏蔽物。设计多孔薄型屏蔽层，如薄金属片上的通风孔等。$SE=\left[20\lg\left(f_{c/o}/\sigma\right)\right]-10\lg n$，其中 $f_{c/o}$：截止频率，n：孔洞数目。

屏蔽罩或垫片由涂有导电层的塑料制成，添加一个 EMI 衬垫

接缝和接点：电焊、铜焊或锡焊是薄片之间进行永久性固定的常用方式，接合部位金属表面必须清理干净，以使接合处能完全用导电的金属填满。

（3）报警电路设计，休眠和重启电路设计。引入电铃，压敏电阻，风敏电阻等。

6. 设计效果图：

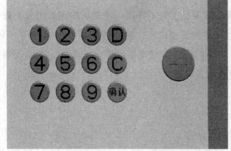

二、人文设计——创意故事（30分）

予你一颗星

唐山市第一中学　恋空

现在是地球时间 2016 年 10 月 26 日 8：20，下面请收听来自 x 星的"我们听你说"。

欢迎来到 x 星地球的平行世界。这里，和地球有相似的语言，相似的文明，相似的白天黑夜河流山川，相似的生物……唯一不同的是，这里的星星不仅一眨一眨的，更是一种魔力之物，是世间最美好的祝福，星联盟是控制这片星河的组织。每个人在一出生就有一颗专属于自己的星，每个人在生命结束都会有一颗星陨落，但其不会死亡，陨落的星会被无人机快递到最爱他们的人手中，散着淡蓝荧光的星握在手里依旧温润，种在土地下，结出星星树。每颗星都有着逝去的人生前的一段记忆。当两个遥远的人相遇，相识，相知，相爱，星联盟便会将那两颗相隔很远的星星，送得很近很近，让其交错，盘旋，缠绕……代表着两人的爱恨纠葛，最终，通过"银环"相连，两个人从此成为世界上最亲近的两个人，两颗星一起散发出耀眼的光芒。

每个人的星星都是自己最珍贵的东西，那里有着你成长时代全部的记忆，如果你愿意把自己的星托付给另一颗星，通知星联盟让两颗靠近，两颗星相遇之日，双星相遇产生的磁场会把二人短暂带入一个光世界，那天便是大喜之时。若两颗星终不能相遇，即使再相爱，也被认为不合适。永远无法在一起，甚至还可能造成双方的毁灭。当然，由于一天有无数的相遇，死去和爱情，这一切只能由无人机完成。

我叫琳，二十三岁，亭亭玉立，两年前，我遇到了澈，他是一个干净阳光的少年，第一眼我就觉得他是对的人，果然，我们到一起就有聊不完的话题，今天，6 月 20 日，我们终于决定把彼此的星托付给彼此，两颗心从开始相遇到相知，需要多久？十年算短；两颗星呢？星联盟说，我们的星相跟六万光年，如若顺利，那么 20 天内便可相遇，若没有送至，那便意为不顺利，也请节哀，自寻新人。回想我和澈相识的一切一切，我便坚信我们的爱一定可以战胜一切。

日子一天一天地过去，我心里的不安与日俱增，加之最近雷雨交加，天时常黑漆漆的一片，在昼犹昏，气温也降得惊人，加之内心的担忧，常常蜷缩在被窝里发抖，每每这时，澈便用胳膊环住我，和我说："没事的，宝贝，我们一定会幸福的。"

可是这样的日子过去 19 天后，他握着我的手明显也有了汗渍，他说话的声音也分明有了些颤抖，我知道，他也怕了，可我能做的也只是握紧他的手，珍惜着最后在一起的每一分，每一秒。今天上午收到星联盟来电，他们说让我们做好心理准备，若今天零点还不能收到两颗飞行相聚引发彼此周身散发的光芒，那便意味着今后……我们便只能放下彼此，此生不再相见。

23：00 没有光芒，他握着我的手。

23：59 内心绝望，我只是想最后再看看眼前的他。

23：59：30 忽然一阵强光从周身散发，把我们带进了光世界。"终于赶上了……"扎着马尾辫的少女的轮廓渐渐清晰，然后就听见她的抱怨："就说别要我回来吧，差点坏了大事，非要拿这种危险的事作为我的成人礼！"察觉到我们的目光，她莞尔一笑，对我和澈说："爷爷，奶奶，你们可一定要幸福啊！"这一称呼使得我和澈面面相觑，只听她继续说："爷爷，奶奶，我叫灵，来自未来世界，是你们孙女。"

后来，从灵那里了解到所有的"不能相遇即为不适合"都是星联盟的语言，受当时技术条件的限制，负责传输的无人机有时会受到恶劣条件和能源的限制。半路失踪或坠毁，使两颗星不能相遇。于是，在未来的平行世界中，太多相爱的人囿于"现实"不得不分离，造成了太多太多的不幸福。于是，外界开始对无人机的结构进行改造，增添了抗风承重结构，自动休眠启动结构和磁屏蔽结构，从此有效避免了这种事实的发生。而星联盟也终于开始忏悔，他们与时空穿梭公司联合，穿梭到过去，修缮无人机的结构，从而避免悲剧的发生，这才产生了另一个平行世界，那里是灵的世界，那里相爱的人都能在一起，灵说："其实好多星星都不是一开始送到的，而是未来人穿越回去修缮后完成。"

灵说："每一个小时都可能造成不同的结局，未来是未知的，有无限种可能，究竟如何，还要看自己怎么做……"

"爷爷奶奶，时间不早了，我要回去了，你们一定会幸福的，记得保密，这是未来和现在不能说的秘密哦！"

点点光晕逐渐散尽，我和澈从异世界回归，虽然心有余悸，但在20天过后陪在我身边的人还是他，我便感到无比幸福。

这世界太多的偶然和无法解释可能仅仅是技术不够，太多的不幸太多的损失，也可能只是因为技术不够。

嘿，朋友，我想予你一颗星，你敢收吗？

奇迹再现

挑战题目	操纵如意	组别	高中
学校名称	唐山市第一中学	队名	奇迹再现
队名姓名	李卓然、陈熙隆、岳泽阳、国森、王旭沣、芦泊帆、霍薪燃		
辅导教师	李艳华、周艳红		
团队口号	新的风暴已经出现，怎么能够停滞不前？		

一、创新设计模块——项目设计（50分）

1. 灵感来源：

众所周知，智能手机大多具有近距离传输的蓝牙功能。蓝牙功能远不仅仅具有传输文件的功能。利用蓝牙的性质，我们很自然能够联想到遥控。通过在手机上使用对应的程序指令，便可完成被遥控物的各种动作，而其中小车就是一个最为经典的范例。我们的创新也从小车下手。

2. 设计原则：

功能性、个性化

3. 创新方法：

在小车上装入对应模块，在手机上使用对应指令遥控小车

4. 项目创新点：

利用蓝牙的性质，通过指令控制汽车。

5. 设计方案：

（1）原料：PCB、单机片最小系统、电机驱动芯片、机械部件。

（2）方法概述：安装底盘，轮胎，装入最小系统、PCB、驱动芯片，在手机上安装驱动程序。

6. 设计效果图：

续表

二、人文设计——创意故事（30分）

五年之约——智慧小车

唐山市第一中学 奇迹再现

卓已经不记得五年前的冬天是否如今日一样寒冷。空气冷的几乎结冰，雪白布满视线，云肆无忌惮展示着萧条悲凉，在天际死气沉沉地卷着。"五年之约，IC大赛见！"那时的他们如是说。这，不过是一场梦吧？梦醒了，又会有谁能保持那一瞬的记忆呢？那些遥不可及的诚信，又怎能让他相信呢？

隆仍旧在旁边喋喋不休地聒噪着，但这话语，却不知为何让卓感觉到一丝暖意。毕竟五年来，隆一直陪伴在身边。或许隆才是那个唯一守信的人吧，但看他也在兴致勃勃地做着气态方程的题目，又如何能够让人相信这两个化学竞赛生曾经有那么一个智慧小车的梦呢？卓看看日历，正好是那个日子，那个当年因为准备不当而被迫放弃了项目的日子。他重重地叹了一口气，隆似乎没有感觉到，但手下的笔分明有些颤动。

"啊呀！"帆一脚踩到了冰上，不由得滑稽地走起了"太空步"，手中的计划书差点打湿在水里。"这么多年还是如此的马虎，卓见到你又要骂了。"阳嗔怪地对帆说。帆不好意思地笑了，但是那其中还闪烁着些许期待。"我们要去兑现五年前的承诺了，对吗？"她问。"或许吧。"燃无奈地叹了一口气，"或许，卓早就忘了呢？或许，他不相信这个世界上还仅存有一些诚信呢？"三人都不说话了，只是走着，走着。

三人在雪地上加快了步伐，快到那个五年前约定的时刻了。卓和隆的住处已经在视野内，他们发起最后的冲刺。

"如果确实是这样，那么这条线应该接在哪里？"是煜的声音，他已经在雪地上给森演示那个最小系统的连接方法了。"不要乱走，这是我们的五年之约，这是我们给卓的惊喜。"森对着远方的三人说。

燃兜里的手机突然传来了悦耳的铃声，她抿了抿嘴唇，按下了接听键。

"我们来遵守约定，证明我们没有忘记，我们是诚信的人。"

天色已经渐渐地暗下来了，灯光打在凹凸的雪地上，折射出美丽的白色。卓吃惊地看着满身雪花的众人，他从未想过他们真的会来，也从未想过那个五年之约竟然变得如此真实，如此存在。他本不相信诚信，可是，他的伙伴们正在用不同的行动创造着一个真命题，他们在坚守他们的诺言，那是名为诚信的种子，而他们，正让这种子茁壮发芽。

"让我们开始智慧小车的制作吧。"卓脸上浮现出温暖的笑容，身后的六人一起向前走去。五年之约，我们来了！

致梦糖衣

挑战题目	智慧小车	组别	高中
学校名称	唐山市第一中学	队名	致梦糖衣
队名姓名	孙嘉伦、苏甫、杨玉龙、张家玮、苏浩然		
辅导教师	戚兵、安芳		
团队口号	谁第一，我第一，我不第一，谁第一！		

一、创新设计模块——项目设计（50分）

1. 灵感来源：

在科技高速发展的今天，智能机器已经成为科技发展产物中不可或缺的一部分，智能手机极大地改变了人们的生活方式，智能机器人已经在工业、军事等方面发挥着重要作用，例如：深海探测，地质勘探，航空航天，军事无人侦察机，等等。而普通的智慧小车经过创新无疑可以被作为一种智能机器在实际生活中发挥它的作用。虽然当今社会治安稳定，但仍有某些个别不法分子想触碰法律，所以安全保障则成了无论工农业，商业，以及军事领域不可或缺的一部分工作，这无疑会耗费很多人力财力，所以我们觉得应该利用智慧小车来解决这一问题。

2. 设计原则：

注重智能与实用性，创新性的统一。

3. 创新方法：

搜集电机驱动、单片机等相关资料，找专业人士咨询，制作方法实现创新，利用单片机和电源模块，超声波模块，蓝牙模块等模块实现对小车的各种功能。

4. 项目创新点：

（1）通过手机蓝牙控制小车的移动。

（2）通过超声波避碍系统，舵机，红外传感器保障小车安全。

（3）通过循迹程序使小车实现巡逻功能。

（4）通过红外热成像仪实现小车现实中的职能。

（5）通过微型摄像头监控或记录小车周边环境。

5. 设计方案：

（1）通过蓝牙使单片机控制电机驱动来控制电机的正反转以实现小车的移动，蓝牙接收装置通过与终端蓝牙进行连接配对从而接收手机端发送过来的动作指令，接收到的指令再传递给单片机，使单片机通过分析传递过来的不同指令而跳转不同的程序控制电机驱动。

（2）单片机通过传感器接收到信号的强弱和探测的灵敏度的返回值确定不同路线的方向，通过单片机调整小车姿态引导完成循迹。

（3）通过超声波检测前方障碍物，通过两边的红外传感器检测到两边的障碍物，当两个红外传感仪和一个超声波检测到前方有障碍物时，小车停止，之后舵机带动超声波系统左转右转以检测距离进行移动。

（4）通过一个红外热成像仪接收周边环境的红外线，并将其转换为电信号，进而在显示器上生成热图像和温度值，达到监控目的。

（5）在小车顶部安装一个微型摄像机，将摄像机中的视频信号实时传输到终端系统或者记录到 SD 卡以达到监控目的。

6. 设计效果图：

二、人文设计——创意故事（30 分）

诚信的拷问

唐山市第一中学　致梦糖衣

诚信就像空气一样，拥有的时候觉得很正常，可是失去了就意味着死亡。

如往常一样，苏甫骑着单车灵巧地穿梭在回家的路上，阳光从斜上方打在他的脸上，微风拨开空中一层淡淡的云，衬出秋的底色。几片碎碎的落叶孤独地躺在路边，路边的长椅上，两个男生弹着吉他。苏甫跟着他们哼着心中的调子，骑向前方的一个胡同口，下意识地减慢了速度，恰恰在骑过胡同口之时，只听身后传来一声闷哼。苏甫转头一看，只见一位将近 60 岁的老人躺在胡同口，苏甫立即刹住了车子，踢下支架，摘下耳机，快步走向那个老人。正在苏甫伸手去扶之际，只听老人低声对他说："孩子，你撞完我为什么要跑呢？"苏甫听见这话瞪着老人说："我多会儿撞你了？"只见老人眼神游离，嘴唇一上一下地闭合着，手不停地抖着，两人僵持一会之后，老人说："孩子对不起，你走吧。"苏甫疑惑地看着老人收拢了一下自己的情绪，问道："您好好的为什么要这样呢？"老人叹了口气说："其实我以前是在集市卖菜的，我是农村人，也没那么多心眼，经常收到十块二十块的假币，我也不在意，前段时间我家孩子要上大学，家里急需用钱，但是我一不注意收到了一张一百的假币，我两天的努力就这么白费了，当时我心里别提多难受了，我觉得不公平，为什么别人总是骗我，为什么诚信在别人眼里就这么轻，我老老实实卖菜，从来都是诚信做事从不缺斤短两，但是为什么我却总被人骗，我心里憋屈所以我就到这碰瓷来了，但是在喊住你的那一刻，我的心却是受到诚信的拷问……但是现在我孩子上大学的钱还没有着落……孩子我对不起你。"说着说着，老人低下了头，揉了揉眼睛，脸上的皱纹随手指上下游动，粗糙的皮肤浸透着岁月的腌渍。

之后的几天，苏甫把老人的故事提供给了媒体，媒体通过公开募捐的方式解决了老人的难题，并将老人的故事刊登在报纸上。

苏甫同自己的朋友驰骋在篮球场上（体育表演）。

展志队

挑战题目	运筹帷幄		组别	高中
学校名称	唐山市第一中学		队名	展志
队名姓名	顾雨潇、李金泽、张宇彤、李盈盈、张菁、薄西雅			
辅导教师	宋立国、杨小平			
团队口号	大展宏图，志在高远，主宰人生，精彩无限			

一、创新设计模块——项目设计（50分）

项目名称："灵魂魔镜"未来人生体验园创业项目

1. 灵感来源：

人这一辈子到底怎么过？是过一个平安幸福的人生，还是坎坷无为、庸庸碌碌的人生？如何实现自己的理想呢？对于这些问题，有些人可能会有考虑，但是很多人却根本不去想。同时，人们的生活节奏日益加快，对于未来职业的选择压力也随之而来，但是面对各种职业选择，很多人却茫然无措，到底未来该选择一个什么样的职业发展路径，我是谁，我要往哪里去？我又该去向何方呢？

简单地说，这就是职业生涯规划的问题。每一个人都需要很好地规划自己的职业生涯。尤其是对于大学生、中学生和步入社会的年轻职业人，他们更加需要规范的职业生涯理论指导和实践锻炼。同时，年轻人有创新意识，有冒险精神，愿意尝试体验式学习模式。虽然当前体验式互动游戏非常盛行，但是更多地却是强调休闲娱乐。在职业生涯规划指导上，我们看到的更多的是教材和理论课堂的灌输，能够寓教于乐、具有操作性、创新性，更易于被年轻人接受的体验式的生涯规划指导模式却是市场的空白。

因此我们的项目应运而生。我们相信，科学专业的技术指导、高科技的体验手段、独特的模拟实景设计、真实的职业场景重现、辉煌的成就人生感受将吸引到大量消费者。

2. 设计原则：

以高科技为引领，将科学规划职业生涯的过程，巧妙地和互动娱乐游戏体验相结合，为客户提供专业的、高水准的职业生涯指导和体验拓展服务，保留科学性，增加趣味性，在休闲娱乐，寻求刺激之后，又能得到知识的积累和自我的认知，对职场体验和成就人生有很大的帮助。

3. 创新方法：

（1）将职业生涯指导、职场体验、拓展培训、休闲娱乐融为一体，提供专业的职业生涯规划指导和模拟实景体验娱乐，制作销售配套产品，提供周边餐饮休闲服务。

（2）运用科学的职业生涯规划理论体系，借鉴心理学认知方法和团队训练模式，设立四大体验区域："灵魂拷问"专业测试区，"摇身一变"人生体验区，"夺宝奇兵"拓展训练区，"功成名就"荣誉表彰区。

4. 项目创新点:

"灵魂魔镜"未来人生体验园是比少年宫更加有趣,比游乐场更加新鲜,比网游世界更加具有现实意义的模拟互动人生体验式乐园,以"我的人生我做主"为口号,让面临选择的中学生、即将步入社会的大学生以及面临职业危机的职场年轻人士都可以通过心理学专业测试、职业生涯规划指导和游戏体验等方式,与未来对话,与心灵碰撞,规划模拟丰富的职场环境,感受真实的从业体验,营造多元化的人际交往和生活模式,全力打造身临其境的未来世界,使体验者能感受"一梦越今生"的穿越情节,消除对未来生活的迷茫和面临选择时的无助。

5. 设计方案:

"灵魂魔镜"未来人生体验园是由华北展志股份有限公司负责经营管理。公司经营团队设立研发部、财务部、人事部、市场运营部等几大部室,定期商讨运营方案。主要产品和业务范围广。"灵魂魔镜"未来人生体验园能够提供最科学最专业的职业生涯规划指导,提供职业生涯选择、职业生涯发展和决策的各项指导,同时提供模拟实景体验娱乐,制作销售配套产品,提供周边餐饮休闲服务。

"灵魂魔镜"项目的发展前景比较可观,属于唐山乃至全国范围内极少数将职业生涯规划、娱乐体验融为一体的公司,市场前景广阔。主打年轻人群体,寓教于乐,科学引导,给他们带来视觉、听觉、触觉全新的体验,必将在文化产业市场上独树一帜,长足发展。同时,家庭式消费会成为新的利益增长点,带动附属周边的产业发展。

"灵魂魔镜"项目将通过产品营销、网络营销、营销策略、概念营销、渠道营销方式,用独一无二的体验满足顾客的需求,创造最大的客户价值,让"我的人生我做主"成为"灵魂魔镜"的广告用语,形成网上宣传线下体验相结合、相呼应、相促进的形式,全方位吸引大众注意力。本项目消费群体众多,竞争压力小,盈利能力强,具有较大的投资吸引力。

二、人文设计——创意故事(30分)

白雪公主的另类人生
唐山市第一中学 展志

"魔镜魔镜请你告诉我,谁是这个世界上最美丽的女人?""白雪公主。""她现在在哪?""在未来人生体验园!"

白雪公主怯生生地站在体验园门口,遵照昨晚梦境的指引,轻轻擦拭了门楣右侧"心之翼"的标志物,大门自动开启。园内风光无限,数字化的景观近在眼前,什么"秋叶寒泉""星洲密林"瞬间转换,堪比实景。这是进入体验区之前设置的一道数字端门,白雪公主置身其中,她在传统故事中的人生画面——呈现:猎人的怜惜、七个小矮人的友情相伴、误食继母的毒苹果、与王子的终成眷属……此时一个声音萦绕耳畔:"我的人生我做主,你还可以有别的选择!"

依触摸屏上的电子路标,白雪公主来到了四大体验区,区域面积不大,导览上标注得很清楚。区域前台有租用手机、语音导览器的提示。手机里存储的也是有关体验园导览 APP 的数字化项目。四大体验区分别是:"灵魂拷问"专业测试区、"摇身一变"人生体验区、"夺宝奇兵"拓展训练区以及"功成名就"荣誉表彰区。

在"灵魂拷问"区，白雪公主做了一系列心理测试题，如你希望自己的窗口在一座30层大楼的第几层？A、七层，B、一层，C、二十三层，D、十八层，E、三十层……做完题目后，通过得分显示，白雪公主最渴望得到的是"智慧和勇敢"。接下来，在"摇身一变"区，她买了张"U形悬浮影院"的门票，以观影的方式观看自己获得智慧和勇敢后的人生轨迹。

故事从继母变身女巫送来毒苹果开始，白雪公主得知了传统故事的结局，她没有吃那半个毒苹果，只是把它拿在手中摆弄，同时假意热情地和女巫攀谈，从理想谈到人生哲学。下午茶时间到了，白雪公主表明家里储备了一筐瓜果要给女巫做顿水果沙拉，共同进餐。经过后厨简单的准备，白雪公主拿来两份沙拉和两杯果汁，跟女巫对窗而坐，没吃几口，倒下的是女巫而不是白雪公主。七个小矮人回来了，白雪公主提议集结一支起义军，义军首领的确定，要按照"坐山招夫""比武招亲"的形式选择。凭借白雪公主的美貌、智慧和侠肝义胆，她梦中的王子以优胜者的姿态来到她面前。两人夫妻一条心，率军杀回城堡，收复了她的国家，丈夫拥立她做了女王。

在"摇身一变"区，白雪公主还尝试了各种网游，她穿越到现代，模拟演员、记者、医生、霸道总裁等各种不同的角色。"夺宝奇兵"区，白雪公主被催眠了，睡梦中她经历了一次探险、一次斗兽场之旅，兴奋度激增。最后的"功成名就"区，白雪公主在镜中看到了晚年的自己，她生活美满、儿女绕膝。作为各种慈善活动的亲善大使，她出镜率极高，受人拥戴……

走出体验园，白雪公主感觉步履轻盈，心情舒朗，她不再胆怯、不再迷茫，对未来充满希望！

捕梦队

挑战题目	扶摇直上	组别	高中
学校名称	唐山市第一中学	队名	捕梦队
队名姓名	闫宇汉、杨雨萌、刘逸宸、刘宇航、解文嘉、芦可欣、刘仕轩		
辅导教师	蔡云龙		
团队口号	手握日月摘星辰 逐梦扬帆 创我所想		

一、创新设计模块——项目设计（50分）

1. 灵感来源：

近年来，我国航空航天技术飞速发展，实现了一个个浪漫美丽的神话，随着尖端技术的提高以及难题一个个被攻破，人类对浩瀚无尽的宇宙的探索欲也越来越高涨。火星，这颗自古以来就披着一层神秘面纱的星球，更是成了我们神往的目标。如果能制造一架火星飞行器，突破当前技术的瓶颈，对于我国的相关行业，必然有里程碑式的意义。

2. 设计原则：

（1）使用引力推进涂层与离子推进相结合的推进方式，其中离子推进用于方向控制，反引力粒子涂层为主要行进动力。

（2）带有两层可折叠保护层以用于穿越大气层（往一反一）。

（3）基本材料以石墨烯为主。

3. 创新方法：

（1）将反引力涂层与离子推进并用，可解决反引力动力方向不稳定的问题，且能大量节约燃料，获得较高的速度。

（2）飞行器内设机械臂与恒温舱，用于采集与保存样本。

（3）飞行器底部设磁铁，并带一氧化碳喷射管，在火星高温条件下将赤铁矿还原为铁，使磁铁伸出获得快捷降落能力。

（4）给予飞行器固定程序利用电磁波操控，带有同步摄像机，可随时观察宇宙、火星环境以规避危险与探测情况。

（5）内部加反应舱，可在火星上采集可用作动力可电离的物质。

（6）飞行器加滑翔翼，避免飞行器落地后的更多复杂设计，节省材料与人力。

4. 项目创新点：

（1）双推动器结合使用。

（2）可以采集并以原始条件保存样本，增大额外发现的可能性。

（3）不惧大气层磨损与高温。

（4）人类操控的灵活性与合理性。

（5）适合滑翔状态下快速降落的需求。

5. 设计方案：

（1）动力源符合节约资源，保护环境的基本国策。

（2）推进装置尽可能在降低成本的同时提高成效，速度极快且便于控制方向。

（3）起飞过程简单，地球内以离子推进为主，不需大张旗鼓。

（4）带有滑翔翼，在火星主要以滑翔的方式勘探，节省了设计轮胎等烦琐步骤，且一次推动可长久滑翔。

（5）飞行器内装有电磁波发射源，在故障发生迫降时自动开启，便于寻找，且以太阳能为动力（太阳能板可储存能量）。

（6）控制所用电磁波波长极短，能量大，以实现控制及时灵敏。

（7）滑翔翼会在故障发生时自动展开，以实现平稳降落。

（8）设自动返航系统，当控制出现失联等问题时，飞行器自动返回。

6. 设计效果图：

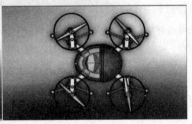

二、人文设计——创意故事（30分）

遇见未来

唐山市第一中学 捕梦队

公元 2439 年，在地球飞往火星的飞行器上，一个七人小组正在紧张焦灼地工作着。一切看似照常。可是，谁也没料到，飞行器屏幕上出现了一个小圆点，闫宇汉好奇地看着小圆点，疑惑地问："这是……"没有回答。"汇报地球总部，这里是火星十号，屏幕上出现了不明飞行物。"解文嘉摁下呼叫按钮，仍然没有任何回答。"这艘飞船——远远地超出了人类的科技水平。"刘仕轩指着眼前的飞船，自言自语道。远方的飞船传来神秘的蓝色荧光，无比神秘。

此时，外星飞船内："@ &#…#%@（我们已切断了飞船与地球的联系）!"耶克鲁穆报告："! @ ￥#%@，a@"（人类捕猎行动，开始）! 库阿索里斯奇普鲁曼下令。

"转移到救生舱，我们要回地球了!"随着外星飞船强行对接到地球上，飞船猛地一震，闫宇汉向全体成员下令。刘仕轩率先反应过来："救生舱，快打开救生舱!"飞行员闫宇汉急忙按下按钮，舱门开启。据其最近的芦可欣和解文嘉率先进入。可就在刘仕轩刚进入一半身子时，警报骤然响起，众人一愣，发现显示器上已经没了任何显示，一条刺眼的红线正如全舱人此时的心电图。"救生舱门要关了!"闫宇汉指着正在下落的救生舱门大喊一声，芦可欣和解文嘉看到一半身子在外面的刘仕轩，慌忙猛力推他，就在舱门关闭的最后一瞬间，刘仕轩成功进入。然而七个人就这样被隔在了两个空间，再怎么大声呼喊，声音都被舱门良好的隔音效果吞噬了。舱外四人手足无措，为什么? 为什么救生舱门会突然关闭? 对方破译了程序吗? 闫宇汉冷静下来，开始修复飞船被入侵的程序，可不料，当他自认为大功告成之时，四周突然一片漆黑，飞船停电了。

随着救生舱的门被打开，剩下的四人摸黑走到了救生舱中，相拥而泣。他们还没有来得及想为什么救生舱的门会打开时，飞船恢复供电，而救生舱外的，不是别人，而是一群外星人。救生舱里没有食物，没有水，随着猛地弹射，救生舱脱离了飞船，他们的目的地，不是地球，而是茫茫的宇宙。

2017 年，七人从珠峰的山腰上醒来，原来，他们被袭击之后，失去意识的他们"飘"到了维拉特星，维拉特星向来与袭击人类的奥索克星是死敌，于是，他们把七人救活，送到了虫洞，穿梭回了从前的地球。

七人辗转反复，来到了一座北方城市。他们一边彳亍着，一边思索着未来火星飞行器的方案，科技，源于一丝一缕的积累; 未来的世界，必定是和平的，未来的科技，也必将为和平造福! 抱着这样的信念，他们开始着手研制火星飞行器。

实验室里，有他们讨论的身影。"未来的火星飞行器，首先要考虑材料问题，这种材料不仅要耐热，还要能承受一定程度的撞击。"刘仕轩先提出材料的问题。芦可欣补充道："材料还要轻，不能太重。""重心也要平衡，不然没有办法正常飞起来。"杨雨萌继续补充。"还要有完善的软件系统和飞行控制系统。"刘宇航也发表了自己的看法。

开阔的场地上，有他们反复"试飞"的画面。"左……再往左一点……"刘逸宸提醒他们，可飞行器还是坠落。"别灰心，再试一次吧，下一次，我们应该就能成功了!"闫宇汉再一次鼓励大家。

坚持不懈的努力终于有了成果，火星飞行器的设计终于完成了。

而七人也因为这一点成果而引发了"蝴蝶效应"，历史上不会再有与外星人的战争，而七人也因此而回到了 2439 年。在幸福的未来里，人们不再拘泥于地球上的旅行，而更多的选择了去外星看风景，人们的生活质量也有了很大提高，人的生命也越来越延长，整个地球生活在一片安宁和祥和之中。

刘仕轩找到闫宇汉，不解地问道："咱们穿越回来了，那咱们的 IC 设计成果怎么办呢?"

闫宇汉脸上露出一丝神秘的微笑："我已经把记忆植入 2017 年七个中学生的大脑了，不用担心，他们会替咱们参赛的。"

而我们，正是这七个人。其实，每一个人都是时代的创造者，我们也会在不知不觉中改变未来。未来，一定会更美好，未来，还要靠我们创造！

羽嘉队

挑战题目	扶摇直上	组别	高中
学校名称	唐山市第一中学	队名	羽嘉队
队名姓名	程诺、李子曦、刘祯、廖恒、胡洁、张嘉轩、肖春泽		
辅导教师	师国臣		
团队口号	与其听天由命，不如上天揽月，抟扶摇以凌青云之志！		

一、创新设计模块——项目设计（50分）

1. 灵感来源：

到目前为止，火星是除了地球以外人类了解最多的行星，已经有超过30枚探测器到达过火星，它们对火星进行了详细的考察，并向地球发回了大量数据。同时火星探测也充满了坎坷，大约三分之二的探测器，特别是早期发射的探测器，都没有能够成功完成它们的使命。但是火星对于人类却有一种特殊的吸引力，因为它是太阳系中最近似地球的天体之一。随着人类科技的不断进步，人类对火星的好奇心与日俱增，进行火星探测势在必行。

（1）外形设计灵感源于中华白鳘豚，其流线型外壳可使流动分离减至最低，减少压差阻力。除此之外流线型设计也十分美观，符合人类审美发展趋势。

（2）光帆的设计灵感来自太阳灶和帆船。此设计理论依据来源于牛顿第三定律，并且可充分高效利用太阳能，环保节约又可提供所需动力，且能源来源较稳定。

（3）膜结构减速装置的灵感来源是降落伞，以及舰载机降落时通过勾住滑索来进行减速的方式。

（4）弹簧支架灵感源于自行车座下的弹簧减速装置。

（5）火星车上履带的灵感来源于坦克履带，其内置三角排布滑轮灵感源于老年人买菜折叠拉杆车。

（6）火星行走车装备的核反应堆灵感源于漫威著名英雄角色钢铁侠胸口的冷核反应堆。

（7）火星车上摄像头的防风沙装置源于骆驼为挡风沙而进化出的浓密睫毛。

2. 设计原则：

安全、高效、绿色、节约、兼顾实用性和美观。

3. 创新方法：

结合仿生学、物理学、化学、美学设计等，以现有理论知识为基础进行大胆的创新设计

4. 项目创新点：

在飞向火星的过程中，采用更为节能环保且动力来源稳定的太阳能作为主要能源，利用霍尔推进器这种更高效、更长寿命、更大功率的推进器作为主推进器，借用地球的引力弹弓效应进一步减小能源消耗。

火星小车上利用微型核反应堆作为动力来源，环保而又能提供足够的能量。机身采用一种理想的有机高分子材料，十分适合航天类任务，并利用毛刷来进行车上摄像头的清洁和保护。返回时利用火星大气层中的甲烷，就地取材。

5. 设计方案：

首先，利用运载火箭将火星飞行器发射到地球大气层外部的近地轨道上，展开光帆，利用太阳光和霍尔推进器所提供的动力，借助地球的引力弹弓效应将其运送至火星附近的指定轨道。

靠近火星后，将光帆折叠，关闭霍尔推进器，依靠惯性接近火星。展开膜结构减速器，使其进入火星大气层，在膜结构减速器的作用下平稳降落到火星地表，待设备运行稳定后开舱释放火星行走小车。

火星车将在火星表面进行行走，定期返回母舰中进行清洁和信息回传。整车机壳由聚酰亚胺材料制造，耐高温、抗腐蚀、抗张强度高、可耐极低温、冲击强度高、耐辐照性能好，具有优良的机械性能，可用于航天、航空器及火箭部件。摄像机镜头上装有一圈可旋转的毛刷，用于遮挡火星上的风沙。装在车上的微型核反应堆将为火星车提供动力，解决了自身的能源问题。同时，火星车将利用自身设备提取火星大气中的水蒸气来制备氢气以及提纯甲烷，作为返回时的一部分能源。

返回时利用火星车收集的甲烷和氢气在火星表面进行二次发射，同样利用霍尔推进器和光帆安全返回地球。

6. 设计效果图：

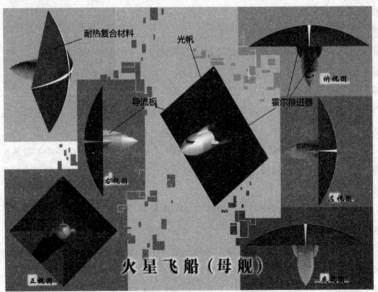

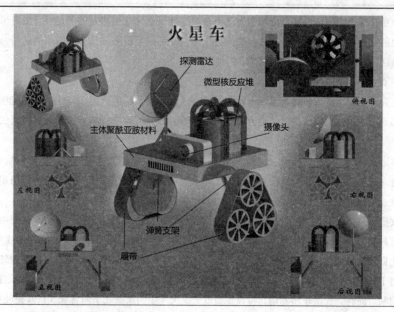

二、人文设计——创意故事（30分）

荧惑之光
唐山市第一中学　羽嘉队

时间：未来（2500年）

地点：火星内部

人物：人类，AI

背景：人类突破技术瓶颈第一次抵达火星内核进行人工勘探

场景一：人类宇航员行走在火星内部错综复杂的洞窟中，地形崎岖险要，突然人类发现前面一洞口光滑整齐似有人工开凿痕迹，人类充满好奇地小心翼翼地走进去。

场景二：洞内别有洞天：室内宽阔平整，布局和谐简洁、墙壁曲线完美至极，是远超过人类技术水平的工艺，室内中央有一金属平台。人类小心地尝试着走上去。

AI（在人类踏上平台的那一刻苏醒）：来者为银河系第三悬臂猎户座一小型星系里小行星中的碳基生物，智慧等级：初级，威胁性：基本无。

人类（惊奇）：你是谁？

AI：我是一个曾繁极一时的古老文明最后的守护者。

人类：文明？是火星上的文明？

AI：是的，他们十分古老，是宇宙中的第一批子民。他们诞生于你们的文明出现以前，也早已毁灭于你们的文明出现以前。

人类：他们的文明是怎样的呢？这宇宙中……是否还有其他文明？

AI：你是数百万年来的第一批造访者，宇宙过于庞大，星系间太过遥远，文明之间互相无法感知。文明都是孤独的。

人类：那……能否让我了解他们的文明？

AI：他们虽已消逝，但曾经的辉煌与壮阔却足以让宇宙中任何有意识的存在为之赞叹。身为遗迹最后的守护者，我将会把我的职责履行到最后一刻。

全息投影出现，是围棋棋盘。

人类（惊讶）：这是——?!

AI：用你们最精妙最接近万物根本规律的学问，以你们文明的方式，我将判断你们是否有资格观看这盛大而悲壮的历史。

人类默然，凝重。片刻后，抬手以黑子落棋盘之上。AI亦以白子对之。

寂静，人类不再说话，专注于眼前的棋盘，AI也静默着。天地间仿佛只有这黑白棋子纠缠剥离互相试探追逐相克相生，由最初陌生的小心翼翼到以尊敬为前提的毫不留情地你来我往。

而此时人类身边绝高精度的全息影像也在随着棋盘上的黑白移转而不停变换着。

场景三：起初只有一个人，在混沌未开化的黑暗中摸索行走，随后他追随着一缕光，身边渐渐有同伴从黑暗中走出来聚集在他身边。

人类皱着眉头紧盯棋盘，苦苦思索如何应对AI无懈可击的招式。

他们齐心协力，共福共难；他们身上的衣服越来越华美先进，而脸上的表情却由最初纯粹的快乐变为间或促狭的微笑直到最后板着脸、神情淡漠。

AI计算思考的速度开始放慢，人类有了喘息的时间。

最后，那些伙伴摇着头一个个重新回到黑暗中，徒留最初的那个人踽踽独行。他越走越慢，最后停了下来，倒在黑暗之中。

场景四：人类将手中的黑子放在那个自己已然决定的位置，这是主动的一步棋，下在棋盘上此前黑白子都未曾涉足的地方，铤而走险而充满勇气。他等待着AI下一步的紧追猛打，却发现AI沉寂着，没有动静。

AI（依旧不带感情地）：你赢了。

人类（先是不可置信一愣，随即长舒一口气，语气充满真诚与敬意）：谢谢。在这局棋中，我学到了很多。

AI：你们的文明会走得更远，像曾经的他们一样。你们如此年轻，承载着拥有无限可能性的希望和潜力。

人类盯着棋盘若有所思。

场景五：口琴演奏者上场，欢乐颂以弱渐强。

从那个倒在黑暗的人身后的一段距离又有一个新的面孔出现。他探头探脑，充满好奇，小心翼翼走到倒下的人身边蹲下看了看，站起身敬了个礼，随后便没有回头地朝着前方出现的那缕新的光大步走去（欢乐颂随着人物退场以强渐弱）。

灯光全暗。

全剧终。

锟锘队

挑战题目	负重致远		组别	高中
学校名称	唐山市第一中学		队名	锟锘队
队名姓名	刘屹檬、刘晨琦、刁莹莹、付文静、袁誉宁、韩铭琨			
辅导教师	耿立志			
团队口号	锟锘既出，谁与争锋。			

一、创新设计模块——项目设计（50分）

1. 灵感来源：

国旗上的五星是我们每个人前进的指引，在我们心中，这五颗星就像八一电影制片厂的片头源源不断地发出万丈光芒，每一束光强力地支撑着我们的国家，保护着人民的安康。就像著名创新专家郎加明所说："一个国家的实力可由资源、精神、方法、工具、物品等五边来创新集成。""指标包括软资源和硬资源。"受到这些启发，根据比赛要求，我们小组利用桐木作为主架，也就是硬资源，利用鱼线、纸牌，吸管和其他工具作为软资源设计出了五棱柱承重结构体。内部则用吸管做支撑，外部用纸牌加强，上部用鱼线按五星规则绑紧。这样的结构不仅符合力学要求，通过测试。我们小组成员还把自己比作结构中支撑内部的吸管，连接和加强的纸牌、鱼线，五个主棱则为日益崛起的中国，寓意我们将用自己的知识努力支撑祖国的崛起，和祖国一起承担重担，实现国强。

2. 设计原则：

利用三角形和五边形稳定性，构建了多个三角形，保证其稳定；利用支撑柱增大承受弯矩的能力，实现承重最大。利用纸牌，控制五边形的尺寸，保证构成的是正五边形，从而使得支撑柱受力均匀，避免了"木桶的短板效应"。

3. 创新方法：

在斜坡上连接两个柱子的纸牌，向内弯折，增大柱子受力面积，从而加强支撑力。

4. 项目创新点：

（1）利用纸牌五个主棱的位置，同时加强承重。

（2）内部五个支撑吸管不在同一平面上，上下错开，这样在不影响支撑效果的同时，减少了工序。

（3）用鱼线在五个柱子间连成五星，更是在重量最小化的前提下增加了五棱柱的稳固性。

5. 设计方案：

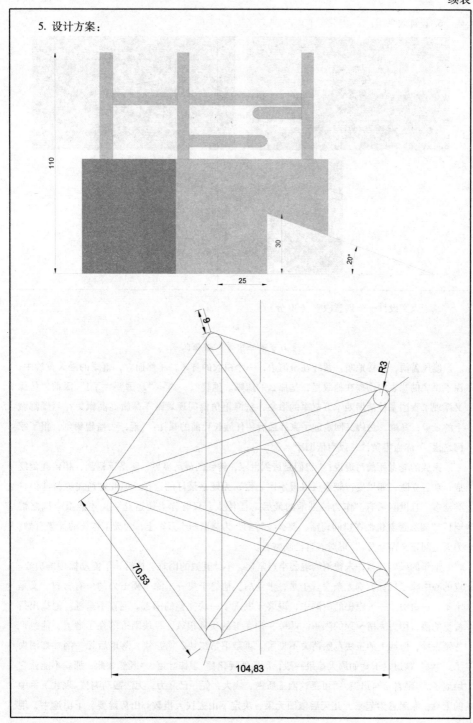

6. 设计效果图：

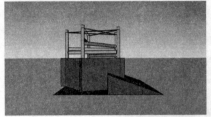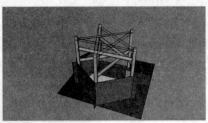

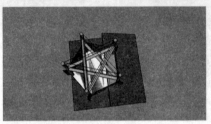

二、人文设计——创意故事（30分）

目标

唐山市第一中学 锟铻队

凄风苦雨，天昏地暗。萦纡在汾河边，一个白衣的身影，孑然而立，萧索的漫天黄沙中，深不见底的悲哀与伤痛在他眼里，是那么的清晰。他轻叹一声："赵国要亡了！"眼前，仿佛又浮现了秦国暴徒活埋四十万赵军的惨象，脑海里仿佛闪现着秦军帅旗高高飘扬在赵国都城上的景象；耳畔，仿佛又回响起了家族最后一任族长死前的嘱托："琨，去造锟铻剑，报了家国之恨。"赤血染黄沙，风声依旧凄。

家族的老者死前对琨说："我们是造剑世家，铸剑的最高境界，便是锟铻剑，相传此剑既成，功玉立断，如果要行刺秦王以报家国之恨，无疑是最好的选择，但此剑所需原料非但种类众多，且世间稀有。作为铸剑术的最后一任传人，只有你去铸造此剑，才能报家国之恨啊！""要么带着仇恨在世间苟活，要么去铸剑，为赵国四十万军士，为天下惨死的无辜百姓，为天地间正义而献身！"琨对着自己呐喊着。

十年的风尘苦旅，未曾消磨琨的半点坚韧，不计其数的困难、挫折，不能动摇琨的决心。琨的心中除了目标，别无杂念。于是，十年后，他终于集齐了除了陨玉外的所有材料。又是十年，长白山。一个隐秘的山洞中，琨终于发现了一块完整的陨玉。琨喜不自胜。他掏出行囊里的镐，用力去凿洞顶的陨玉。咔嚓一声，玉的质地很软，一块陨玉落在了地上，他急忙弯腰去捡，但地上的玉块竟然消失不见了。再敲下第二块、第三块，落地后无一例外都消失了。"啊！难道这玉竟如那人参果一般，落地便硬化！"琨惊呼道。"既然如此，那就不能让它触地了。"琨自言自语道。"可是这陨玉质密、块大，凭一己之力，无法搬动啊！"琨放下手中的工具，深深思索起来，几天后依旧无果，决定下山去找人指教。山势险要，下山途中，琨遇到了一个采草药的少年，少年见他愁眉苦脸，便热情地询问。琨犹豫之下，还是决定和他说说自己的困难。少年听了事情的始末，却微微一笑，说道："这算什么困难啊？只便造个承重的支架来支撑它，再托出来，不就成了吗？"说完，少年便飘然而去。看着少年的身影渐渐消失在茫茫的雪山之中，琨突然茅塞顿开。"负重的物体？"琨反复念叨着，细细琢磨，他自己何尝不是一个负重的物体呢？背负着家国之恨，为了目标而负重前行，不畏艰难险阻。

琨即日便开工，他在长白山附近砍了些老树，冥思苦想设计了一个承重装置。受五角星的启发，它由五根柱子为主题构成，琨试用了一下，发现效果非常好，他终于成功地采来陨玉。于是琨就在山洞中开始了铸剑。剑足足铸了三个月，那负重的支架也和他一同烟熏火燎，失了本色。三个月后，锟铻之剑铸成之日，琨端详着水中的霜刃冰封，泛着寒人的光泽，却将剑轻轻放下，抚摸着黝黑发亮的承重支架，琨不禁长叹一声，再抬头，他终于明白了当初族长命令自己铸剑的目的：铸剑何尝不是铸人？这正是为了使自己担负一个重量，磨炼心性，砥砺自己达成目标。唯有负重，方能致远，以有致远，方能达成目标。

大雪纷纷扬扬地下了一整月，至今晨方初霁。雪后的长白山冰雕玉琢，那般晶莹剔透。他背好行囊，小心地拿起锟铻背在身上，回头最后看了一眼初霁后壮丽的长白山，便毅然地、头也不回地踏上征程，只给世人留下了一个孑然的背影……

凌云队

挑战题目	登峰造极	组别	高中
学校名称	唐山市第一中学	队名	凌云队
队名姓名	杨灏、韩文硕、纪嘉禾、唐铭骏、刘雨暄、赵远铮、朱江忆		
辅导教师	杨小平		
团队口号	壮志印心间，凌云勇争先。		

一、创新设计模块——项目设计（50分）

1. 灵感来源：

能负重方可致远，坚固稳定应是小车首要特点。不禁令人想起稳坐风沙数千年的金字塔，加之三角形自具稳定性，便是小车整体设计框架。而"身子"正了，"脚"也不能歪。某日韩同学路过工地看到正在作业的拖拉机，四个前小后大的车轮甚是瞩目，心里便想不妨为小车也装上同样的轮胎结构，便于稳定不倾倒，既而关注点落在了致远上。能量只有有限的两焦耳，那么减小摩擦带来的能量损失成了重中之重。可惜资源包不含润滑油。在这项难题解决前，绘制设计图的同学在铅笔绘图时，橡皮擦破了一片纸，看着破损的设计图和蹭在指尖的铅笔灰，灵感喷涌而出，决定用工具包内的铅笔磨制成碳粉用以润滑。驱动主要思路则是由某村前的一口古井提供的，轴转带动绳子绕轴转，重物受绳拉动。用小车的轮转带动轴转，再完成上述工序，则形成了一种"古井打水式"驱动系统。

2. 设计原则：

（1）坚固稳定。

（2）在能量转换中通过减小摩擦等方式尽可能避免能量损失。

3. 创新方法：

（1）金字塔形框架。

（2）拖拉机轮胎（大小轮）。

（3）碳粉润滑。

（4）"古井打水式"驱动系统。

4. 项目创新点：

（1）结构创新。

（2）轮胎创新。

（3）减摩创新。

（4）驱动创新

5. 设计方案：

用桐木加工为木棍制作金字塔形主要框架，采用前小后大的拖拉机式车轮，在保证车身坚固稳定的同时用铅笔磨制的碳粉尽可能地减小摩擦，采用古井打水式驱动方法将重力势能驱动车水平向前。最后在重物的大致落点处用凯夫拉线和扑克牌的组合缓冲以保证重物下落后能够安全地停留在车上并减小着陆瞬间对小车的影响，保证结构的稳定安全。

6. 设计效果图

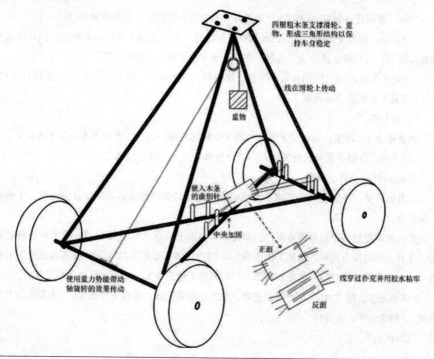

四根粗木条支撑滑轮、重物，形成三角形结构以保持车身稳定

线在滑轮上传动

重物

嵌入木条的曲别针

中央加固

使用重力势能带动轴旋转的效果传动

正面

反面

线穿过扑克并用胶水粘牢

二、人文设计——创意故事（30 分）

问鼎

唐山市第一中学　凌云队

公元 2046 年，冬。

"报——丞相，张绣反水，已包围武器库！"

"电磁炮——Fire！"

宛城中传来一声轰雷，光团在宛城上空裂滚而出，形成巨大的火球，烧炙的热量使曹操感到绝望。

往日的沉稳一扫而净，曹丞相死死握住操纵杆，面如土色。轰炸了多日的宛城，本已胜券在握，却不料被张绣奇袭。

武器库陷落，宛城失守，大势已去。

曹操猛然站起，身形微晃，声音颤抖："所有轰炸机，继续开火！"他不甘心，哪怕会置自己于死地，他也想再孤注一掷。

"父亲！不要再冲动误事了！和风号已被击中，请您火速撤退！"

"逆子！我难道要亲眼看宛城沦陷而不顾吗！"

"您相信曹昂，定死守大魏国土，但您若不走便再无后路！"曹操的隐形战机起飞的那一刻，身后的宛城只剩一团浓黑的蘑菇云。

公元 2047 年，春。

"Siri，曹贼还在研究 AI 部队？"刘备身着一身笔挺的西装，站在落地窗前。

"回主公，据探子来报，曹营已经取得了阶段性成果，并即将开始图灵测试，预计将大规模投入战争。届时将包括运输、指挥、作战等全方位系统人工智能军队。"

"进展竟如此之快?！"刘备眼底闪过一丝惊惧，转过身将手撑在办公桌上，"孔明何在？"

"诸葛先生在游说孙将军。"

"连线孔明。"

刘备带上 VR 眼睛，看到诸葛亮的羽扇又在轻摇的那一刻，心里的石头一下子落地。

"禀主公，臣已说服孙大将军，两国联合抗魏，请主公静待胜利之日。"

公元 2047 年，冬。

冬月的赤壁，江面还没有结冰，但两岸的气氛却紧张到冰点，万骑临江貔虎噪，千艘列炬鱼龙怒。

此时控制室里的曹操紧闭双眼，他知道，当他按下面前的红色按钮时，整个系统将被启动，并且，再也没有挽回的余地。他所做的一切会付诸一炬吗？这支军队会成为历史上的神话吗？未来会属于大魏吗？他睁眼的那一刻，想清了所有答案，毫不犹豫地启动了开关。

"诸葛先生，敌方 AI 大军已开启进攻，我方已部署完成，等待先生指令。"诸葛亮打开对讲机，"EMP-SW，准备！"

"倒计时，"

"3！"

"2！"

"1！"

"发射！"

诸葛亮很清楚，如果杀伤半径没有部署控制好，电磁脉冲便会杀敌一千，自损八百。但，他相信，人的智慧，是定能胜过人工智能的。

下一秒，AI 大军伴随着火光与爆破声，陷入了永远的瘫痪。

上帝的天平，倒向了蜀吴。

但，历史的车轮滚滚向前，汉鼎之争，此消彼长。

"江东子弟多才俊，卷土重来未可知。"

起航队

挑战题目	无碳小车	组别	高中
学校名称	唐山市第一中学	队名	起航队
队员姓名	郑启航、李昊龙、李文卓、闫醒冬、卢校辰、张政、高川		
辅导教师	杨超		
团队口号	无论山高水长，拼搏的旗帜依然飘扬；无论波涛汹涌，努力的心情依然欢畅。		

一、创新设计模块——项目设计（50分）

1. 灵感来源：

环保越来越被世人所认可，我们偶然发现水力发电应用重力势能，节约资源，符合绿色环保理念，本次大赛以无碳小车为主题，着重体现了无碳的理念，因此我们想到如果将小车以重力势能为主要能量而转化为动能是环保的最高理想，所以设计了此小车。

2. 设计原则：

钩码下落通过能量转化机构使小车获得动力，带动后轮转动，再通过转动机构将运动传给转向机构使转动轮周期性转动，从而躲避障碍物。整车的重心低，操作、调整方便灵活；结构尽量简单，传动件数少；质量小，足够的刚度，振动小。

3. 创新方法：

（1）底盘采用三角形结构框式，以增加小车的稳定性。

（2）减轻小车重量并采用有机玻璃车轮，减小移动时的摩擦阻力。

4. 项目创新点：

重力势能转化齿轮动能，持续动力来源，环保，节能。

5. 设计方案：

驱动机构中，重物块下降的势能通过双联轮传递给绕线轴，绕线轴上的齿轮与差速器箱体上的齿轮啮合，将驱动力分配给左右车轮，使小车在转向时左右车轮获得不同的速度及保证转向平稳。转向机构采用空间曲柄摇杆机构。绕线轴通过齿轮机构将驱动力传递给曲柄，再通过连杆（连杆两端的运动副为球铰）带动摇杆前后摆动，由于前轮与摇杆固连为一体，小车前进时，前轮左右摆动就可实现周期性的绕桩。

6. 设计效果图：

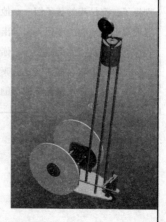

二、人文设计——创意故事（30分）

拯救地球

唐山市第一中学 起航队

人类在地球的孕育中诞生，走向高度成熟，并不断演变着、持续着！但是，正是她孕育出的"儿女们"不但没有给她安乐，相反却使她伤痕累累！

这天，宇宙中心医院来了一位病人，他就是地球。地球为什么看病，听我来给大家说说吧。

地球先来到了内科室，天马星说："地球你怎么有空到内科室？"地球说："别说了，快给我看看，北纬47度、东经35度是怎么了？臭气迷漫！"天马星拿来了显微镜说："我给你看看。"天马星看了之后对地球说："那个地方到处是垃圾，到处是死猫、死狗、塑料、纸屑等等一些很臭的东西。"说完，天马星捂住鼻子说："我想吐。"内科医生天马星拿来香水抹在那个地方。地球一闻说："还是很臭。"天马星说："这个我也无能为力了。"

地球又来到了外科室，地球对外科医生海王星说："我身上大面积出现黄斑，你给我看一看。"海王星用显微镜一看，原来那些地方都是沙漠，没有一点儿生命，树木都只剩下枯的树桩了。地球要海王星给他治，可海王星说："我也无能为力了。"

院长哈雷彗星问："地球老弟你怎么来了，难道你也是来看病的？"地球说："我不看病，我跑到这儿来干什么？"哈雷彗星摸摸地球的脑袋说："你是不是发烧了，现在科技发达了，你应该更健康才是呀，你既然没发烧，看来你是真病了，说说你怎么了。"地球说："我的病可多了，我的眼睛看不清了，你给我治治。""这不行，这得请眼科医生牛郎星给你治。"说完，地球来到了眼科医生牛郎星这里，牛郎星看了看地球的眼睛，要地球看测视力器上的字，地球摇摇头说看不清，牛郎星拿来了显微镜说："我来看看你到底怎么了，视力这么差。"牛郎星用显微镜一看，汽车尾气满世界飞扬。"人们处于雾里霾里，难怪你的视力这么差！"就这样地球戴上了3680度的近视眼镜。

返程途中，地球又看见了水星。水星问："呀！地球哥哥，你怎么戴上眼镜了呢？""唉，别提了，都是我的孩子们——他们研究出来了什么高科技汽车，只要出门就会开着汽车，一股股黑烟从他们的车尾不断冒出，黑气伤害了我的眼睛啊！"地球无奈地叹道。"哦，哥哥，我这有一个新型的无碳小车，你可以拿回去，让你的孩子们都研制这样的没有尾气的环保小车，这样你不就会重新恢复健康了吗？"水星无私地拿出自己的无碳小车，送给了地球。

就这样，在水星无私的帮助下，地球又恢复了健康！

睿达队

挑战题目	登峰造极（无碳小车）	组别	高中
学校名称	唐山市第一中学	队名	睿达队
队名姓名	戴翔、郭怡然、王一伊、徐航宇、温博元、李子琦、毕毓		
辅导教师	孟征		
团队口号	睿翼鹏程，达高志远。		

一、创新设计模块——项目设计（50分）

1. 灵感来源：

绿色能源小车，三轮电动车，变形金刚。

2. 设计原则：

结构坚固可靠；减小摩擦力（减重，减小接触面积）。

3. 创新方法：

四轮改为三轮，整体结构使用三角形；底盘降低使重心降低。添加可转动细杆，随重锤下降增加车身长度。

4. 项目创新点：

三角形框架重量减轻，坚固可靠；地盘挖孔，重心降低。小车行驶时车身加长，增加行驶距离。

5. 设计方案：

底部为三个车轮，后两轮为主动轮，缠绕凯夫拉线，三个车轮轮内有轴承减小摩擦。重锤通过凯夫拉线带动主动轮转动，获得向前的加速度，将支架放在车中部，使车的重心稳定居于中部，到爬坡时，重锤落入底盘开口范围，可防止后翻。在此基础之上，车身前面添加一根底部可自由转动的细杆，细杆顶端用凯夫拉线与顶端滑轮杆相连，一开始绳子处于绷直状态拉紧细杆使其处于稍微前倾的状态，运动过程中，随着滑轮所在轴的转动，绳子放松，细杆也随之缓缓下降，最终重锤落到最低，小车渐渐停止运动时，细杆降到水平位置，车身加长，小车最终行驶距离可一次性增加一根细杆的长度。

6. 设计效果图：

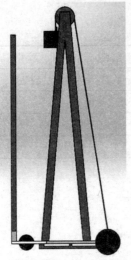

二、人文设计——创意故事（30分）

格局决定结局

唐山市第一中学　睿达队

午后，暖阳融融。漫画大师办公室。

年轻人恭敬而立，纯净的目光满含期待。"想象奇特，画风独到，笔力之中透着干净！"漫画大师审视着他的画作，颔首赞叹："做我的学生，漫画之路，前途不可限量！"年轻人热泪盈眶！终于有机会来到世界文明的漫画之都，圆心中漫画之梦了！

静夜，灯火辉煌。豪华舒适的新画室。

他，呆望着画板。这次的画约是他最喜欢的风格，与当初吸引他并执着走上漫画之路的系列画作极为相似！可如今，他却找不到思路，更没有灵感！为什么？他苦恼至极！他的梦想，就是拥有漫画之都格局最好的画室，临窗俯瞰仙境画都，画出最具灵性的作品，驰骋于漫画之路。

桌上各种商家与广告的画约签单令他一阵目眩！是的，正是大师的一句挽留，草根出身的他在漫画领域崭露了头角。这所谓格局最好的画室有了，而他却好像丢失了什么。

泪迷双眼。他第一次醉酒，跌跌撞撞冲出画室。

黎明，鸟鸣声声。一间小画室，干净雅致。

他安静地伫立在窗前：静谧的小院，清风拂面，花香阵阵。迎着朝阳，他含泪微笑，此刻，踏实温暖。

"外在的东西抓取多了，内心的格局就会变小了！"慈祥的老父亲不知什么时候站在了他身后。回眸，画板正对的墙壁上，醒目的一行小字！那是刚刚步入漫画之路时写下的誓言："不忘初心，方得始终。"他的双眼为之一亮！

续表

是的，这间画室格局虽小，却孕育着他漫画人生的大格局。他的梦想，是用一颗纯净的心灵去感悟，一双纯净的眼睛去发现，用漫画描绘出人间至纯的情。正是这种对漫画与生活的热爱与痴情，才使他心无旁骛，独守一颗纯净的初心！

三年后，他成了亚洲顶级的漫画家之一。他就是《火影忍者》系列漫画的作者岸本齐史，一位缔造了传奇的年轻人，他的奋斗经历，为很多年轻人提供了宝贵的借鉴。

什么是格局，格局是一个人的胸襟与胆识。格局是一种气度，是一种情怀，是心灵里山高水阔，是精神深处天地澄明。守住一颗宁静的心，才会有大格局，才会成就人生的大气场。

琉笙

挑战题目	负重致远		组别	高中
学校名称	唐山一中		队名	琉笙
队员姓名	张晨曦、刘亦然、王胤凯、陈锐、陈祎芃、傅向荣、祝成山			
辅导教师	张海悦			
团队口号	科技之光点燃青春之火，唐一学子创造崭新奇迹。			

一、创新设计模块（50分）

1. 设计分析：

【人】：我队队员张晨曦，刘亦然物理成绩优秀，同时对建筑方面也有着浓厚兴趣，祝成山、王胤凯等队员虽为高一新生，但也有较强物理素养和一定的设计能力，队员们性格开朗，有着不服输不怕苦的精神，对于大赛的成果充满信心。

【物】：作品采用创新的五边形结构设计，在考虑到性能的同时也兼顾了美观，并有较强的承重能力，设计图严格按照计算所得绘制，每一个细节都精雕细刻，力求完美，质量方面绝对有所保障，而选材方面则采用吸管扑克牌为主，中间辅以鱼线连接。在做到美观的同时也兼顾了性能。

【环境】：本作品能适应大部分特殊情况，而对于震动也有着稳定的结构来保证稳定，不会轻易坍塌。

2. 核心问题：

核心问题在于底部五边形外墙的建造，由于形状特殊，加之结构复杂，故不能采用传统工艺。

3. 解决策略：

采用由内而外，先搭建内部骨架再将外墙粘贴于其上的方法，避免了工序的复杂，也保证了结构的准确。

4. 创新要点：

创新性地采用了别出心裁的建造顺序来解决建筑领域问题

5. 设计效果图：

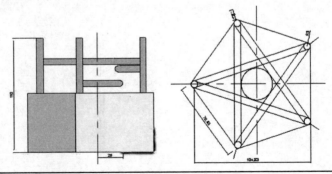

续表

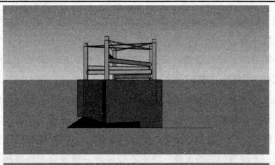

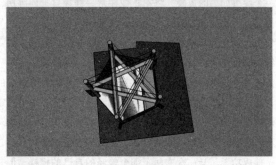

二、人文设计——创意故事

浪人

唐山市第一中学 琉笙

他曾是个孤儿，一个浪人。

而如今，他因为刺杀权贵被捕入狱，已是将死之人。

但，他不后悔。他的目标已经达成，他的人生已经圆满，即使失去生命也在所不惜。

行刑前的那一刻，时间仿佛被无限地延长，使得他得以回溯自己的一生。

那是他最落魄的一段时期，风餐露宿，流浪街头，过着平淡无奇的生活，日复一日，直到一天，他露宿到一位官吏门前，被好心收做侍卫，跟在他身边奔走效力。而他的目标，也仅是当好一个侍卫，为恩人的生活带来便利。平静的日子就这样一天天过去了。但好景不长，随着政权的更替，战争的铁蹄踏破了这份平静，而他的恩人也因为战乱惨遭杀害，当他亲眼看着屠刀落下，血光崩现，恩人的头颅应声落地，他简单而平凡的愿望也就此破碎。取而代之的是另一个更加艰难，也几乎不可实现的目标。他下定决心，要让背后的始作俑者血债血偿。他要亲手斩下将军的头颅。

战争的风波终究是历史长河中的一朵浪花，多数人在一天天平凡的生活中选择了忘却。很快，新的政权稳固下来，百姓们也逐渐安定下来，但有一个人亲身经历了战争的恐怖，在见证了终将影响一生的画面后，他的目标无比坚定，他没有被岁月磨去棱角，仍谨记着曾经发生的和失去的一切，这也更坚定了他的目标。他每天温习武艺，从不懈怠，随身携带自己当年的佩刀，只为提醒自己不能忘记使命。

终于，他等到了机会，那天他看见街上人来人往，被堵得水泄不通，他拼命挤上前去，又一次看见了那张终生难忘的脸，愤怒、仇恨、痛苦加之在心中打磨了多年的坚定目标让他无比坚定，他心中暗自断定时机已到，便拔出刀冲进了队伍中，奈何守卫众多，他还未接近将军就已被擒，被打入大牢，空耗时光。

但一个有着如此坚定目标的人又怎会轻言放弃，这多年的新仇旧恨早已使他的目标像顽石一样坚定，像北辰一样熠熠闪光。他并未就此作罢，精心花费多年改头换面，混入了将军的府邸，成为一名侍者，全心全意地做着本职工作，悉心打理好将军的家务，终于成功地获得了他的信任。在一个漆黑如墨的夜晚，将军正像往常一样独自走回卧房，此时小径边的草丛中突然窜出一个黑影，手中的利刃折射出锋锐的寒光……但，他又一次失策了。将军虽然年老，但也有几分气力，加之多年征战沙场，一时竟占了上风。眼看事态不妙，他只得落荒而逃，从长计议，继续等待下次机会。

转眼又是十年过去了，此时的他已经练就了一身好武艺，成为江湖上的传说，被无数人景仰。但内心深处，他还是那个目睹恩人惨遭杀害的无助侍卫，心中早已定下的目标仍在燃烧着，迸出火光，灼烧着他的心，他仍没有放弃，寻找着一个机会，寻找一个能够了却心愿的机会。为了能够不再失手，他开始周密地计划，开始下意识地隐藏自己，变回多年前的那个不起眼的流浪汉。他成功了，又一次变回了那个曾经的自己的模样，但是，因为那个坚如磐石的目标，他早已不是当年的自己。

人山人海，举国欢庆，将军在众人的欢呼声中又一次出现了，然而人们早已忘记他带来的苦难，但在人群的角落里，有一个人，他清楚地记住了一切，紧握着那个经过时间打磨，岁月洗礼的锋锐的目标。在人们的欢呼声中，一道黑影悄无声息地接近，像闪电一般跃起，将那把佩刀连同坚定的目标和信念一同挥出。那是惊为天人的一刀，这一刀，气势如虹，仿佛天地都为之变色，刀刃斩破了人群的欢呼，斩破了空气，那一刻仿佛时间为之静止，世界上只剩下他，和他的目标，纯粹而坚定的目标。手起，刀落，将军的头颅随之一分为二，而此时的人群才从狂欢中苏醒。而他也被无数的守卫所淹没……

过去的一幕幕画面在眼前闪现，而他的眼角似乎泛起一丝泪光。目标完成了，他心想，恩人在地下也能安睡了吧。

他的嘴角泛起一丝微笑，就这样吧，也已经没什么好留恋的了。手起，刀落，浪人心有安处。

流沙

挑战题目	登峰造极		组别	高中
学校名称	唐山市第一中学		队名	流沙
队员姓名	胡志远、邱榆森、李欣怡、赵梦瑶、王宇航、陈明扬、杨光			
辅导教师	杨小平			
团队口号	聚散流沙，不败神话。			

一、创新设计模块（50分）

1. 设计分析：

【人】：就队长胡志远来说，认真负责，有较强组织能力，擅长计算机方面的任务，所以他主要担任的是科技创新中计算机方面的内容。同时身为队长，他也分配小组里的各项工作，按照成员的特长协调成员的主要任务。

邱榆森的思维很灵活，能够随机应变，有较强的应急能力，在遇到实际问题时能够较快地提出相应的方法，是团队中很重要的一个存在。

杨光，性格沉稳，踏实能干，是团队定心柱，也是主力，负责实验中的操作，完善细节。

陈明扬，是整个团队中最核心的部分。敏捷思维，是超级无敌的学霸，是我们负责理论支持的一大主力。

负责理论的另一大主力就是王宇航。他的动手能力很强，负责设计中的组装。

两位女生，李欣怡和赵梦瑶，具有一定文学素养，擅长写作、绘画，负责材料编写和海报设计，为团队创新提出一定的见解。

【物】：

（1）材料：制作小车的材料全部来自资源包，主体框架选用桐木条，减震装置用扑克牌和牙签，动力装置的材料是凯夫拉线、微型滑轮等。

（2）质量：质量尽量做到最优，同时把重量控制在50克以下。

（3）成本：材料全部来自资源包，成本不会太高，预计在200元以下。

【环境】：小车在平面上可能会在行进的过程中偏离路线或因重锤下落带来的冲击而侧翻；在爬坡的过程中可能偏离路线，也可能由于动力不足而无法行进太长，甚至会因为重心不稳而向后翻倒。

2. 核心问题：

如何在有限的时间和能量里，使小车获得更多的动力。

3. 解决策略：

就我们目前所拥有的知识，只能把重力势能转化为动能和内能。所以，我们有了两种方案。

运用有限的工具使小车的动能最大利用化。队长首先拥有了制作加速器的想法，准备好各种必需材料后，我们开始思考此方案的可行性。由于材料包的材料不完全，齿轮组的制作会消耗过多的时间和精力，不能满足我们的设想。只能放弃制作加速器的想法。所以，我们又想到了 $E=mv^2$，可知小车速度一定时，小车质量越大，它所获得的动能也越大。小车的质量是使动能变大的一个可行方法。在思考之后，我们又发现了这种方案的弊端。$f=\mu f_N=\mu mg$，如果小车的质量越大，那么它所获得的摩擦力也越大，如果摩擦力越大，那么所获得的内能也就越大。在小车上坡阶段，他所受到向下的分力也就越大。相对而言，这种想法反而不划算。由此我们又得到了一个非常重要的启发，既然增大质量不行，那就减小其质量。不过这里有一个很重要的问题，那便是小车的平衡如何解决。小组内成员激烈地讨论之后，我们一致同意减轻小车的质量，增大车轮间的距离方案。

4. 创新要点：

最终确定下来的创新核心理念就是既轻又大。轻具体是指减轻小车的质量，使它的摩擦小，减少不必要的能量的浪费，从而使动能最大利用化。增大小车的支撑面积，这样做的原因是为了小车的重心变稳变低。小车在运动时更加稳定，不容易出现车在平路和爬坡时发生翻倒的情况。

5. 设计效果图：

 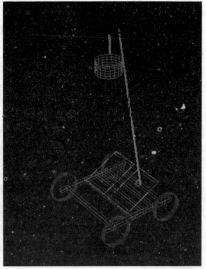

二、人文设计——创意故事（30 分）

与时光老人浅谈格局

唐山市第一中学 流沙

时光老人拥有一台时光穿梭机，他每天坐在时光机前，看着一条条纵向时间向无尽的方向延伸，看着一幅幅五彩斑斓的画面随着时间的流逝不断变化。

一道白光一闪而过，在一瞬间时光轴缩成漫漫黑暗中的一点。时间来到公元 2018 年。视角来到了唐山一中。

已是傍晚，暮色渐浓，火烧云仿佛点燃了整个天空，太阳一点一点下沉。操场两旁，金黄落叶，已洒满地，红漆木柱上一个个影子一闪而过，映出同学们一个个在夕阳下奔跑的身影，朝气蓬勃，自信阳光。沿着落叶满地的小路，时光老人心里默默地感叹这静谧的秋景，心里暗暗道："现在的学生们真是有朝气啊，咦？沙坑那里……"

画面来到沙坑旁，对面蹲着一个在地上埋着头的学生 A，旁边站着一个陪着他的朋友 B，朋友 B 拍着他的后背，关切地说："别灰心，来，再试一次。"同学 A 慢慢抬起头，目光看向了沙坑，拍拍沾满灰尘的衣服，B 拉着他站了起来，A 念叨着："我明天要有跳远测试，虽然我已经练习了很多天了，不但毫无效果，而且成绩越来越差。"同学 A 慢慢地低下了头，"现在我恨不得一头栽进沙子里，希望是越来越渺茫啊。"朋友 B 看着他愁闷的样子，说道："你跳一次，我帮你找一找你的问题。"同学 A 点了点头，深呼吸了一下，眼睛看着沙坑，做好准备姿势，纵身一跃，落地时，重心不稳，晃了好几下，差点直接脸着地，又险些栽过去。朋友 B 皱着眉头，看着他说道："你有没有发现，你每次跳的时候头都是低着的？"同学 A 茫然地摇了摇头。朋友 B 继续说："那看来是你已经形成习惯了，古人云'欲穷千里目，更上一层楼'，只有你站的地方高了，视野更开阔，才能做得更大，胸襟更宽阔，才不会被眼前的一点小挫败影响。这和你跳远也一样适合啊，你低着头，怎么能更高更远呢？我和你分享下我的跳远经验吧。我每次都会看向前方，尽量在有限范围内看得远，不管我能不能跳到那里。"同学 A 问道："那直接看到自己能跳到的最大距离不是更保险吗？"同学 B 摇了摇头："目光超不过脚步，终究难有所成。我们不应该拘泥于眼前的束缚，不是吗？"同学 A 的目光渐渐亮了起来，说道："差不多懂了，我试试吧！"于是，他再一次在起点处纵身一跃，目光始终看向广阔无垠的天空，试了几次之后，尽管也有几次失误，最终落在了自己从未跳到过的距离，太阳已经完全落到地平线以下，操场上仅有一点微弱的灯光。A 终于露出了笑容，跳起来和朋友 B 一拍手，说道："哈哈，谢了！"

时光老人被这个场景触动，校园中的一件小事，但也给了我们对人生格局的启迪。只会盯着树上虫子不放的鸟儿是不可能飞到白云之上的，只有心中装满了天地山河的雄鹰才能自由自在地在天地之间翱翔。心胸宽广，摆正态度，放宽眼光，不局促于眼前的一寸风景，因为更震撼心灵的美丽，就在你不知道的某个远方。

时光机又运转了很久很久，时间不断地后退，后退……一段电磁波接触不良的卡顿声响了几下，时间来到久远的古代，中国。

华灯初上，夜晚，长安。兰草幽幽，残月如钩，洁白的月光柔柔地撒在青瓦红砖上，这里是与繁华的长安相悖的地方，自然，安静。一位白衣少年抱着古琴，坐在屋顶，看着繁星漫天的长安。抬手，又落，少年嘴角微翘，一个个悦耳的音符掠过小树，行云流水般弹完一曲。曲毕，他看着别有一番韵味的夜景，轻轻地甩了下衣袖，掸了掸琴上破碎的落叶。

少年琴技高超，因弹得一手好琴走进百姓的视野中。他曾经为了流落街头的乞丐奏乐，为乞丐谋得一口饭吃。他曾经看到走街串巷的卖花老妇人，走路颤颤巍巍，还难以卖出一束花时，毅然摆出古琴，为老妇人招揽顾客。他曾为了一对情人冲破重重阻碍，终于许下一生一世一双人的诺言而弹琴祝愿。可是，当他收到长安最有名的戏园子的邀请时，他淡然一笑，摇了摇头。为了荒淫无度，欺压百姓的名门望族饮酒寻乐，而出高价让少年奏乐，他断然拒绝了。虽然几次加价，托人说话，面对他可能一辈子都得不到的报酬，他还是没有同意。有人说他傻，不明白他为何至此。一直沉默的时光老人突然说，不是，这是一个人的品质，是他不同于常人的更高的追求。有人问他，报酬如此之高，为何不去。少年长叹一口气，缓缓说到，人生在世，只求不断沉淀，为蝼蚁所驱得来的钱两，怎能撼动我。

　　时光老人点了点头，非常赞赏，这才是个大气的格局呢！不追求功名利禄，只求在杂乱的凡尘中保留一份纯真安然的心境，坚定自己的立场，有着自己独一无二的态度，努力让人生的宽度不断拓展，这也是实现了人生的意义。

　　格局大小，影响着眼界之宽，胸襟之开阔，态度之明朗，心境之淡然与否。时光老人还坐在时光机旁，看着时间由一点连接成线，他认真地看着不同的时间，不同的地方发生着许许多多不一样的事，感慨世界的奇妙。时间还在向前延伸，他还会到更多的地方，感受更多的温暖……

鲲鹏

挑战题目	绿水青山	组别	高中
学校名称	唐山市第一中学	队名	鲲鹏
队员姓名	刘济源、关可欣、孔德熙、弭莹莹、卑盎然、张清源、张硕轩		
辅导教师	于晖		
团队口号	纵有疾风起，人生不言弃。		

一、创新设计模块（50 分）

1. 设计分析：

【人】：刘济源同学有较高的组织能力和交际能力，能够很好地协调各个队员之间的分工合作，自身也有较高的创新意识和文化功底，在设计创新和创意故事中起了很大作用。张清源同学有很强的创新能力和扎实的物理基础，主要负责设计图的设计。关可欣同学在电脑设计方面有很高的水平，在绘画方面也有一定的能力，海报、队徽、设计图等的电脑绘制主要由关可欣同学完成。弭莹莹同学在绘画方面有高超的能力，海报的设计主要是弭莹莹同学的功劳。孔德熙和卑盎然同学在写作方面很有天赋，在创意故事的创作中发挥了主力作用。张硕轩同学在整个创新过程中起了各方支援的作用。

【物】：本赛题的要求主要以木条、纸等轻质物体为主，所以保持小车的重心很关键。由于所给的重锤和下落距离已经固定，即小车所受动力已经固定，若想获得较大加速度，必须减小质量，并减小轮轴摩擦。

【环境】：本题赛道为减速带需要进行多次上下坡，仍然为重心问题，以及上坡时所需要的摩擦力。需要注意轮子的规格，使得小车能尽量按照直线前进。

2. 核心问题：

（1）我们对于重力势能与动能转换这方面的知识了解不深，这也是设计最大的困难。

（2）在实地测试中发现小车在刚刚启动时有车轮打滑的现象，在最开始可能并没有获得一个较大加速度。

（3）在上坡过程中有时会因摩擦力不足而打滑。

（4）重锤落在小车上时对小车的冲击力过大，使得速度减慢过快。

3. 解决策略：

（1）通过查阅资料，提前学习相关的知识，为设计提供理论支持。

（2）将轮与轴之间的黏合做得更加紧密，并设计了一个简易的变速器（缠绕线的部分的粗细程度存在渐变，在开始的部分较为粗），使它的加速度在开始时不会过大，而有一个较大的力矩使它启动，不易出现打滑现象。

（3）取消对车轮外表面的精细打磨。

续表

（4）使用略微拱起的结构（利用 IC 彩页）对重锤进行一个减震处理。

（5）将重锤所在位置略微前移，并在车的后部增加配重，使得最后阶段重心会略微靠前。

4. 创新要点：

（1）对于打滑的应对，变速器的设计。

（2）对重锤的减震处理。

5. 设计效果图：

二、人文设计——创意故事（30 分）

微光

唐山市第一中学　鲲鹏

夜色犹如洪水猛兽般吞没了整个天空，星月也被无情地抢夺了光芒，只有一栋破旧的楼房中，一缕微弱的光艰难地穿过积满灰尘的电视屏幕，苦苦地与黑暗做着斗争。"全球紧急讯息，据世界政府最新统计结果，全球资源仅能供人类正常使用十年。对此各国经商将统一采取定时供电政策，世界政府已经宣布全球进入紧急状态，并号召全球人齐心协力共同面对危机，本台报道……""嘶啦啦……"主持人话音刚落，密密麻麻的雪花便如饥饿的行军蚁般瞬间吞噬了整个屏幕。终于，哆的一声，一切都陷入了黑暗。

世界政府会议厅里，惨白的灯光映着各国代表严肃的脸。"各位代表，"世界政府议会长开口了，"我们正面临着 22 世纪以来最大能源危机，对此我宣布，启动'先行者计划'，派宇航员分头驾驶我们最前沿的科技产物——反物质飞船在宇宙中实地探测并考察拥有人类所需资源的星球。""可是，反物质飞船仍处于测试阶段，我们不能冒险——""我们已别无他法。"一切都寂静了，只留下七个字在会议厅中久久回荡。死寂中，越来越多的手按下了"同意"按钮……

三年后。

世界政府议会长独自坐在会议厅投影屏前，看着新闻窗口接连不断的弹出，"'先行者'飞船们接连失联，地球的未来何去何从""世界各地掀起反'先行者'计划游行"……他关掉了投影屏，双手抱头。他知道，只有等了。

此时，"先行者"系列仅存的希望——"先行者13号"正划过无垠的宇宙，犹如风中闪烁的火苗般暗淡而微弱。此刻 Chris 正坐在飞船的驾驶席上，透过舷窗，将目光投向窗外无边的黑暗。作为人类希望的承载者，他自己也有些迷茫了。"我们究竟何去何从？"他不止一次想过这个问题。他想与后方休息的主管技术的 Johnny 聊天，可一种莫名的孤独伤感使他难以启齿。突然，星图上的绿色光标打断了他的思绪——这，代表着搜寻目标。这点绿影如锤头般重击在 Chris 麻木的大脑上，他一跃而起，手忙脚乱地定位转向，让飞船以最快速度冲向那全人类的希望。Johnny 感受到异样，推开了驾驶舱门："怎么了？"Chris 没有说话，只是用颤抖的手指向星图上的标志。Johnny 的表情凝固了，他以同样颤抖的手按下了联络器的开关。

"'先行者13号'来讯！我们发现了一颗与地球极其相似的行星！正在靠近并准备降落！完毕！"声音信号像一道炫目光芒般划破了无尽的宇宙夜空，瞬间照亮了整个地球。欢呼声响彻云霄，人们流着喜悦的泪水相互拥抱——地球有救了！

随着飞船的推进，目标星球映入了 Chris 和 Johnny 的眼帘。它那么的陌生而又亲切，湛蓝的海洋与陆地相互交织，冰盖与大气又为它蒙上了一层神秘的面纱。它是那么的神秘，那么的令人震撼。

Chris 平静了一下激动的心情，操纵着"先行者13号"冲破了大气层，降落在目标行星表面。"自动检测完毕，可出舱侦察。"Chris 和 Johnny 穿上防护服，准备出仓。随着舱门缓缓开启，遮天盖地的黄沙显现在两位宇航员面前。"沙漠？可能是我们降落时方位有偏差。"他们暗想道，迈出了舱门。

的确，迎接他们的不是连绵的山川，不是浩瀚的海洋，只有漫天的黄沙。一股股黄沙被风席卷着遮住了视野中所能看见的一切。

除了那个蓝色的箭头。

黄沙遮蔽的天空中，一个闪着蓝光的箭头绵延至远方，显得诡异而神秘。

"天空中竟然有符号！"Chris 和 Johnny 异口同声喊了出来——当然是通过对讲器。"外星文明！我们发现了外星文明！"Chris 显得异常兴奋，挥挥拳头喊道。Johnny 则显得较为冷静："他们在指引我们。他们是敌是友？为什么要这样做？""顺着箭头去看看就真相大白了呗！"Chris 已经开始摩拳擦掌了。"我同意，但是，还是一定要注意安全。"Johnny 的绿眼睛警觉地盯着蓝箭头，答道。

两位宇航员乘上了"探索者"号太空侦察机，顺着箭头一路寻找。"是巧合吗？这个星球的空气成分与地球是那么相似，除了二氧化碳的浓度与地球不同——达到了1200ppm，是地球的三倍。"Johnny 注视着仪表盘，若有所思。"那么，不出意外，这里的外星文明很可能与地球文明有极大相似度了。"Chris 坐在驾驶席上，猜测道："也许咱们还可以与他们结交友好关——等等，快看！"Chris 说着指向前方。

箭头指向了一座金属质感的碑中，一道蓝光从其中射出，直指天空，在这一片荒凉中格外显眼。

两位宇航员在碑前降落并打开了拍摄系统以将他们所见传输至地球。他们刚刚迈出机舱，碑就像感受到他们到来一样，裂开了几个缝隙，从内部射出蓝色的光芒。仔细一看，光芒竟投出了人类的文字：

亚特文明纪念碑

欢迎来到没落之地遗迹，外星朋友。

一路上的蓝光是我们的科技产物，它们通过读取你们的脑电波获悉了你们的语言，我们才得以与你们交流。

相信你们已经发现了，这颗星球已经不适合居住了，它已经病得太深了。

作为亚特文明的最后一个人，我在这留下时代的遗言。

曾几何时，亚特文明极度辉煌，工业生产高度自动化，但随之而来的环保问题成了全球焦点。我，则是致力于研究碳捕技术的一名科学家。碳捕技术能将二氧化碳重新转化为碳与氧气，从而实现节约资源，保护环境的目的。哪知，当我耗尽毕生精力终于将它研发出来时，已经太晚了。

亚特人的过度排放形成了严重的温室效应，两级冰盖大幅融化，从而释放出了冰层下的远古病毒，它所到之处生灵涂炭。我被政府紧急救到了这个避难所，并有幸能在文明的弥留之际留下时代挽歌。

亚特文明终究还是灭亡了，若要论罪魁祸首，还是我们亚特人自己。我们只顾自己的享乐，却忘记了我们共同的星球母亲。

所幸，碳捕技术这项文明的遗产存留了下来，它的核心技术就藏在纪念碑的中心。朋友，我只有一个小小的愿望，就是你们能利用碳捕技术将我们的星球改造回来，替整个亚特文明向我们曾经美丽的蓝星谢罪……

两位宇航员在纪念碑前久久伫立，全人类保持了空前的沉默……

也许，我们是文明进化路上的幸运儿。

锦鲤

挑战题目	同袍同泽	组别	高中
学校名称	唐山市第一中学	队名	锦鲤
队员姓名	蔡秉楠、张美欣、张芊涵、于若卉、王佳鑫、赵旭烨、赵梓明		
辅导教师	李艳华		
团队口号	任何的限制，都是从自己的内心开始的，相信自己能做到比努力本身更重要。		

一、创新设计模块（50分）

1. 设计分析：

【人】：我队成员由一名男生、六名女生组成。赵梓明作为本队唯一的理科生，了解很多关于化学物理方面的知识，知道用怎样材质的材料能使我队设计的服装更加低碳环保。蔡秉楠、于若卉、王佳鑫三名同学绘画水平高超，且蔡秉楠掌握电子绘图技术，能使我们的服装设计得更加精致、完美。张美欣作为上届参加过比赛并获国际金奖的同学，有着丰富的经验，在各个方面都能够帮助本队，使工作完善到更为细致。赵旭烨和张芊涵两名同学在文学方面有功底，擅长写作，专门负责比赛的文本编辑。七名同学待人友善，成绩良好，队长处理事情冷静、组织能力强，能很好地避免队内的一些矛盾、冲突等问题。队员间相互熟悉，方便交流，能使配合更加默契，合作更加顺利。

【物】：我队的三件服装全部本着"物美价廉，材好质轻"的原则，选用低碳环保的布料，如有机棉、有机纤维等，大大减轻了制作工程中所出现的污染问题，且方便制作。因所选材料皆为环保材料，质量较好，不易损坏，穿在身上较为舒适，不沉重，方便携带、行走。中等成本使我队既能实现穿着舒适得体又不会花费过量资金的需求，好的布料、精致的配件使原本设计就传统却有亮点的服装显得大放异彩，深得人心。

【环境】：我队设计的三件服装方便携带，不沉重，穿在身上方便行走、跑，如遇雷雨天气打湿衣服，方便水洗，因所用材料为环保、优质布料，也可干洗，污渍容易清洗干净，女式裙装里包含一条半腿裤，防止在寒冷天气冻伤，且可自由运动，如奔跑，使人们行动更加舒适。

2. 核心问题：

这次的服装设计我们秉承着"中国风、传统风"的主题，处处紧扣这一主题，设计了三套服装。我队的核心问题主要体现在以下几个地方。

（1）制作技术：七名队员都是学生，平时任务重时间紧，在海报的制作上很费头脑；三名负责设计服装的队员擅长绘画，却不太善于电脑绘图。

（2）制作工艺：服装的具体细节绘画和制图过程不是很容易，三名设计队员有些困扰。

（3）知识水平：因平时在学校文化课的占用时间较多，对服装设计的了解不是非常丰富。

3. 解决策略:

针对制作技术上的核心问题,两名负责海报设计的同学特意花了一个星期的时间找了专门的老师学习海报设计,并在最后成功运用 Photoshop 软件设计出了我队的创新海报;三名负责设计服装的同学运用手机绘画软件,不惜自己的自习课时间,抓紧时间赶进度,运用手机绘画软件绘出了服装的电子设计稿。针对制作工艺上的核心问题,三名设计队员去图书馆翻阅了一系列的绘画和服饰大全书,经过好几个星期的精心思考,最终的设计效果十分成功。针对知识水平上的问题,队员们集思广益,充分利用课下和业余时间,从各种途径搜集有关资料和图片,完成了设计。

4. 创新要点:

(1) 渺兮予怀——女装:本衣采用中式传统旗袍的样式。旗袍,中国和世界华人女性的传统服装,被誉为中国国粹和女性国服。它是中国悠久的服饰文化中最绚烂的现象和形式之一。其中点缀青花瓷花纹。左侧胸前的"月"字和背部的"风"字采用小篆字体,以刺绣的形式体现,两字合并取"风月无边"之意。本设计全部采用中国传统配色,如墨色、月白、白鹤子等。结合以上设计素材以体现中华民族博大精深的传统文化。本衣设计在中国传统风基础上加以创新,盘扣系口处用珠子代替布扣使其显得更加精致;双肩缝制与刺绣同色的珠子,并在背后加拖地飘带,用双肩的珠子固定。衣袖为短袖下接薄纱,纱为两片拼接;裙摆分三层,最下层自小腿处分开,打破了传统服饰的保守局限性。

(2) 战无不胜——男装:本衣采用唐装样式,是根据马褂为雏形,加入立领和西式立体裁剪所设计的服饰。这种"唐装",其款式结构有四大特点:一是立领,上衣前中心开口,立式领型;二是连袖,即袖子和衣服整体没有接缝,以平面裁剪为主;三是对襟,也可以是斜襟;四是直角扣,即盘扣,扣子由纽结和纽袢两部分组成。另外从面料来说,则主要使用织锦缎面料。本设计在改进传统的不足的同时,另有创新。本设计的创新要点有:一,原本满族服装的肩与袖是不分割的,为美观方便,本设计采取在健袖部位采取撞色拼接样式,是现代造型对传统造型的一种创新。二,唐装与休闲运动装结合,增加实用性,也符合年轻人的潮流与审美。三,采取绸缎加双面闪光麻为面料的样式,更富现代感,环保节约。四,在工艺上,前衣片二片不收省不打摺、前门襟处钉一排七粒葡萄纽扣,后衣片二片、背缝拼缝,二片袖装袖,肩部处内装垫肩,左右摆缝处开摆叉。本设计保留了中国传统服饰特点,更加入刺绣,汉字文化与龙图腾等中华民族传统文化元素,美观与实用并存的同时,更发扬了传统文化。

(3) 白鹤穿云——女装:本衣主要设计来源于中古文化中"梅妻鹤子"一词,白鹤与梅花都是古时隐士高洁风格的象征,体现了高尚的人格与处事不惊的态度风范。大体版型采用自隋唐五代开始盛行的对襟齐胸襦裙并将其全包裹两件式改良为一件全包裹和一件衬裙。由"三宅一生"的褶皱女装受到启发,将唐朝的垂褶棱角扩圆,营造活泼生活质感。将近代流行的旗袍盘扣与古代襦裙相结合,在边侧作细节美感,同时掩饰拉链痕迹。具体使用更具有简洁风的一字扣,采用比裙身稍浅的蓝色。由现代露肩设计配合广袖,袖口采用展开的花瓣袖设计,契合衣物较为典雅的设计风格。同时袖上有几朵梅花与花瓣袖相互映衬。梅花花形借鉴元代王冕先生的墨梅图。

续表

外层襦裙的图案由王天胜先生的《百鹤呈祥》受到启发，借用王先生的色彩搭配以及其中一白鹤的图案营造古朴感，并在白鹤图案外围叠加一圈卷草纹。受到古代玉器图案和青铜器图案的启发，披帛使用蟠螭纹，与衣物相配。衣服布料可使用回收利用的重造布料，更为环保。总体遵循较为典雅古朴又不失活泼的设计风格，将古时衣服进行符合现代生活节奏的改造，同时不失古风古韵。

5. 设计效果图：

二、人文设计——创意故事（30分）

安东尼与贝蒂的故事

唐山市第一中学　锦鲤

安东尼和贝蒂是朋友，已经十年的好朋友。

自宇宙星球拓荒时期，安东尼作为第一批被星球拓荒者洒下的智能机器人之一时，已经有12000年了。他的指导员莉莉丝告诉他，他的使命是监视地球，引导地球。

安东尼担负着主人的使命，走过了这个星球上的海洋、陆地、山川，观察着这个叫作"地球"的气象万物、一花一树、一草一木。经历过漫长的而又孤单的一万年后，他终于发现了一种两足行走的灵长类出现在这个星球上，安东尼给它们起名叫作"人类"。"这种生物，可能更适应当这个星球的统治者吧。它们具有完整的三层胚结构，恒定的体温，神经系统和感官的高度发达。"安东尼心里想。

人类的出现，使安东尼又多了一个身份，那就是人类的辅导员、老师。

安东尼很快便与人类有了交流，可他发现，这些名作人类的生物似乎并没有他想象中的那么好相处。他带领人类去找寻食物，可不料却碰上了另一支人类的种群。两支种群，向着同一个食物展开了进攻，最后两败俱伤。安东尼心痛极了，不知如何是好。

幸运的是，就当安东尼处于眉睫之时，他遇到了贝蒂，他人生中最好的朋友。

贝蒂是不经意间来到安东尼身边的。十年前的那天，阳光明媚，微风轻拂，摘完果子的贝蒂刚走出果园，便看到了坐在路边沮丧的安东尼，她走过去，轻轻地用着只有少女才有的温柔拍了拍安东尼的肩膀，对他说，不要怕，虽然你是 AI 智能机器人，和人类不同，但没人说这样就无法相处，以后的日子，让我来当你的朋友。

就这样，安东尼和贝蒂成了跨界中最好的朋友。

贝蒂把自己的姐姐凯西和诺拉带到安东尼身边，她们教机器人安东尼打球，在翠绿的草地上野餐，在湖边跳着自己最喜欢的舞蹈，画着路旁一簇簇美丽芬芳的野花。

安东尼永远忘不了那一次贝蒂是如何在安东尼的课上，在那些并不看好安东尼教书的人们捣乱时，勇敢地为自己解围的。

虽然人类接受了安东尼的帮助，可有些人并不相信安东尼。一次生物课上，安东尼努力地为人类讲解着自己所了解的关于人类祖先的事情，并告诉他们，人类之所以能有今天，是因为宇宙拓荒者和智能机器人的帮助。"你就是块废铁，谁知道你为我们做事的时候，脑子里面想的是什么。"不料，一个并不看好安东尼教课的人类反驳道："这些都是我的数据库里面记载的，我所说的都是事实。""没有我们人类，你怎么会有今天……"情况越来越不妙，贝蒂急忙拉开了两人，成功为安东尼解了围，这也使得安东尼保住了人类的辅导员这一身份。那天起，安东尼想，他一定会和他的好朋友一直保存着这份珍贵的友谊，一直这样下去。

他们的友谊单纯的比蓝天还蓝，比大海还清澈，安东尼觉得自己无比幸运，自己作为一个机器人，在偌大的人类集体中，居然能获得如此美的友谊。

可他不承想，再美好的事情也总会有结束的时候。

公元 2120 年的一天，安东尼走着走着，突然感到身体有些不适，他知道，自己这 12000 多年的地球之旅，即将结束了。他慢慢闭上眼睛，等待着拓荒者将他身躯带回原星球。这时，贝蒂再一次地出现了，看到安东尼这副样子，她急哭了，慌张地四处喊叫，叫来了许多机器人修理师。安东尼安慰她，没有这个必要了，自己作为人类的指导员的责任已经尽到，也不会有什么遗憾，只希望贝蒂以后的生活，继续舒舒坦坦，不要因为自己的离去而有所顾虑。紧接着，安东尼慢慢闭上了眼。再次醒来时，安东尼发现自己躺在一张白色的床上，四周空无一人，他想，自己终究还是回到了真正属于自己的星球。出乎意料的是，一个与贝蒂格外相似的人类，出现在了他的眼前。安东尼揉揉眼睛，他以为自己看错了。莉莉丝告诉他，贝蒂因为难以忘记这份珍贵的友谊，特地请求人类长老让自己跟随着安东尼，一起来到了安东尼的星球。她成功如愿。安东尼看着自己的好朋友又重新回到了自己的身边，留下了一滴高兴的、喜悦的泪水。

希望人类多进步一些，好真正地能够和 AI 智能一起载着这份友谊，共同掌管这个星球。

浅梦

挑战题目	周游列国		组别	高中
学校名称	唐山市第一中学		队名	浅梦
队员姓名	李响、汪彪、谢佳彤、赵泽林、翟子涵、侯蕊佳、刘俊廷			
辅导教师	杨小平			
团队口号	合作成就梦想，智慧创造未来。			

一、创新设计模块（50 分）

1. 设计分析：

【人】：

队长：

李响：活泼热情，喜欢游泳、篮球，动手能力强，擅长拼装。

队员：

谢佳彤：严谨认真，喜欢看书、唱歌，组织能力强，擅长策划。

赵泽林：沉稳友善，喜欢电子竞技、读书，思维敏捷，擅长宣传。

汪彪：乐观开朗，喜欢音乐、体育，交际能力强，擅长电脑。

翟子涵：阳光向上，喜欢科幻电影、写作，想象力丰富，擅长写作。

侯蕊佳：乖巧文静，喜欢舞蹈、阅读，表达能力强，擅长演讲。

刘俊廷：勤奋善良，喜欢体育、摄影，有较强的审美能力，擅长设计。

【物】：

（1）尺寸：利用乐高、MakeBlock、Arduino、VEX 金属件等制作机器人结构，但是考虑到场地 U 形轨道的尺寸，最终选用乐高，材料小，尺寸紧凑，便于拼装、修改结构。

（2）成本：EV3 控制器，各种传感器、零件，大概 1500 元。因为团队成员都是乐高迷，家中很多乐高，节省了材料成本，同时节省了找其他材料所需的时间成本。

（3）质量：机器人虽是乐高拼接的，但是每个零件间都利用销等固定件去固定连接了，非常结实，即使被摔甚至破坏掉，也可以重新再拼接起来，可重复利用。

（4）完成任务模式：自动或手动控制，利用传感器自动完成任务；利用遥控器或 APP 遥控完成任务。

自动完成任务方案：配备传感器有陀螺仪，识别机器人自身姿态，包括位置和角度；颜色传感器，识别场地中的不同颜色，自动释放徽章。

遥控完成任务方案：手机 App 遥控或者搭建遥控手柄，安装有陀螺仪：根据陀螺仪的角度指令控制机器人前进、后退；遥控器上马达旋转的角度控制机器人旋转的角度；触碰传感器当作触发开关，按下后释放徽章。

【环境】

（1）自动执行任务模式：受陀螺仪自身精度的影响；行走路线长了陀螺仪会有累计误差，需要定位校准才会走得更准确；识别颜色时受现场光线强弱的影响，如果有强光大灯照射，会有误差；如果场地昏暗，也会有识别误差，但是影响不大。

（2）遥控完成任务模式：受遥控马达转动的累计误差，导致机器人无法精确控制；受陀螺仪自身精度的影响；受控制人的反应速度的影响。

2. 核心问题：

（1）机器人基础知识：团队成员对机器人基础知识有所了解，其中四人掌握模块化编程，对于齿轮传动、连杆结构等技术能够熟练应用。

（2）制作工艺：团队成员从小动手能力较强，拥有多年搭建乐高模型的经验。

（3）核心问题：拥有搭建智能机器人自动完成任务的能力，但是自动完成任务需要不停地通过场地或边框校正自己的位置，才能精确完成任务。此次比赛的场地不满足精确定位的条件，最好选用手动遥控的方式。选择 App 遥控则需要操控人反应灵敏；选择遥控器遥控则需要将遥控器与机器人进行对接，两种方式都需要做完作品反复练习。

3. 解决策略：

选择搭建遥控器，编程实现遥控器与机器人蓝牙对接，精确控制机器人的位置，完成释放任务。反复练习，修改结构和程序。

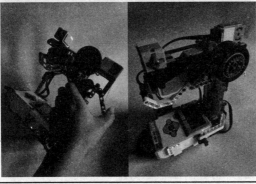

4. 创新要点：

利用乐高搭建了自动完成任务的模式，也搭建了遥控手柄控制的模式，便于在练习中对比自动和手动完成效果和完成时间，便于修改方案。到底是人工完成任务有效率有质量，还是人工智能完成得更好，在对比中分析各种模式的利弊，在做的过程中产生思考，完善自己的方案。

5. 设计效果图：

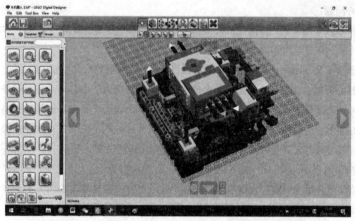

二、人文设计——创意故事（30分）

带你去旅行

唐山市第一中学 浅梦

时间：期末考试之后。

人物：旅行使者、甲、乙、丙。

旅行使者：藏于音乐中的精灵，使命是带着召唤他的人去旅行。

甲、乙、丙：唐山一中的学生，都热爱旅行。

【幕起】

唐山一中校园里，考试结束，甲、乙、丙冲出考场，聚到一起。

甲：考试结束了，你们的假期有什么打算？

乙：我准备去旅行。

丙（点头）：我也想去，但是还不知道去哪里。

甲（拿出手机）：我最近听到一首歌，特别喜欢，因为这首歌，我也打算去旅行呢。

乙：是啊，我们都想到一起去了。什么歌呀？

丙：什么歌啊？快放来我们听听。

甲：你们听。（放歌）

歌曲："我想要带你去浪漫的土耳其，还要一起，去东京和巴黎……"

丙：好美呀，那咱们一起去旅行吧！

乙：好啊，我们明天就出发。

旅行使者登场。

使者：同学们，你们好呀！

乙（惊讶）：你，你从哪里来的呀？

使者：我是旅行使者，是你们把我召唤出来的？我就藏在这首歌里面，是你们放了这首歌，并许下了旅行的愿望，我便被你们召唤出来了。

丙（不可思议）：啊？真的吗？

使者（点头）：是的。我现在可以带你们去旅行，但我有个旅行要求，你们能做到吗？

甲：你能先告诉我们什么要求吗？

使者：可以啊，就是在旅行的过程中向世界展示最能代表咱们中国的文化，你能做到吗？

大家：可以啊，这个太简单了。

使者：那好，我们现在出发。（响指）

澳大利亚，悉尼歌剧院，台下来自世界各地的观众正在观看歌剧表演。

大家（惊讶）：哇！这是悉尼歌剧院？

甲：怎么可能？你是怎么做到的？

使者：嘿嘿！（挥一挥魔法棒）这是我的魔法啦！好了，我已经和歌剧院沟通好了，在他们演出的过程中，给你们留了宝贵的三分钟的表演时间，这是一个世界级舞台，下面就由你们向在座的观众展示中国文化吧。

大家一下子慌乱了，急忙聚在一起商议起来。一会，大家商议完毕，脸上露出了笑容，纷纷点头表示同意，此时正到了来自中国学生的表演时间。

乙：让我来展示吧？

大家都站在一边，乙拿起麦克，悠然走上"舞台"，《说唱脸谱》的音乐随之响起，乙开始唱这首歌

"那一天爷爷领我去把京戏看，看见那舞台上面好多大花脸，红白黄绿蓝咧嘴又瞪眼，一

边唱一边喊——哇呀呀呀呀，好像炸雷，叽叽喳喳震响在耳边。"

间奏：蓝脸的窦尔敦，盗御马；红脸的关公，战长沙；黄脸的典韦，白脸的曹操，黑脸的张飞，叫喳喳……

说唱：说实话京剧脸谱本来确实挺好看，可唱的说的全是方言怎么听也不懂，慢慢腾腾咿咿呀呀哼上老半天，乐队伴奏一听光是锣鼓家伙，咙个哩个三大件，这怎么能够跟上时代赶上潮流，吸引当代小青年。

间奏：紫色的天王，托宝塔；绿色的魔鬼，斗夜叉；金色的猴王，银色的妖怪；灰色的精灵，笑哈哈……

说唱：我爷爷生气说我纯粹这是瞎捣乱，多美的精彩艺术中华瑰宝，就连外国人也拍手叫好，一个劲地来称赞，生旦净末唱念做打手眼身法功夫真是不简单，你不懂戏曲，胡说八道，气得爷爷胡子直往脸上翻。

间奏：老爷爷你别生气，允许我分辨，就算是山珍海味老吃也会烦，艺术与时代不能离太远，要创新要发展。哇呀呀呀，让那老的少的男的女的大家都爱看，民族遗产一代一代往下传。

间奏：一幅幅鲜明的，鸳鸯瓦；一群群生动的，活菩萨；一笔笔勾描，一点点夸大，一张张脸谱，美佳佳……哈哈哈……

大家鼓掌喝彩。

使者（边鼓掌边说）：恭喜你的表演取得了巨大成功，你们看下面的观众，都在为你们鼓掌喝彩，有的还连连点头并竖起了大拇指。

乙（带着疑惑问）：这个表演还可以吗？

使者：真的是太好了，你的表演很成功！但是时间也到了，我们要离开这里了。

甲：这么快啊？

使者：是啊！我们还要去下一个国家呢。随我走吧。（响指）

法国，卢浮宫广场，来自世界各地的游客正在参观卢浮宫，广场上还有各种形式的节目表演。

甲：我们这是到了法国的卢浮宫吗？

乙、丙：是啊，这就是卢浮宫吧。

使者：是的，这就是位居世界四大博物馆之首的，稀有、名贵藏品达 35000 件，目录上记载的艺术品数量已达 400000 件的法国卢浮宫。在这个世界著名的艺术殿堂前面，你们要如何展示中国文化给世界各地的游客啊。

大家都惊讶地张大了嘴，有的抓耳，有的挠头，都不知怎么办，又急忙聚在一起商议起来。一会，大家商议完毕。

丙：这个我来展示吧。我表演的是中国国家级非物质文化遗产，中国又一"国粹"——太极。

舒缓的音乐响起，丙进行太极表演，甲在旁边进行太极文化的介绍。

甲：太极文化源于中国传统文化，与传统文化中的《周易》、老子学说等中国古典哲学，宗教，传统养生学、中国古典美学等息息相关。"太极"一词源出《周易·系词》，是中国古代朴素唯物辩证法中的哲学用语，其中蕴含着我国古代儒、道两教的哲学思想。太极拳其拳理来源于《易经》《黄帝内经》《黄庭经》《纪效新书》等中国传统哲学、医术、武术等经典著作，并在其长期的发展过程中又吸收了道、儒等文化的合理内容，故太极拳被称为"国粹"。太极拳充分吸纳传统养生术的精华融入拳架之中，实现了人们所向往的祛病强身、延年益寿。太极中要求对称平衡，有上必有下，有前必有后，开中有合，合中有开，刚柔相济，阴阳合德；作为国家级非物质文化遗产的太极，在我国的发展可谓源远流长，也与中国古典美学的观点完美契合。

表演完毕，大家鼓掌。

使者：你的表演非常棒，你们看，很多游客都到这边来看你的表演，都被你的表演深深吸引住了。

丙：谢谢使者给我们这样展示中国文化的机会，我们越来越感觉到中国文化的博大精深，我们都为此而感到骄傲和自豪。

乙：使者，我们下一站要去哪里，我都等不及了，我们还要到更多的地方展示中国文化，把中国文化更多地展示给世界呢。

使者：好，我这就带你们到下一个国家，随我来。（响指）

俄罗斯。这里硝烟弥漫，破败不堪，破旧的兵器散落在地上，周围死一般的沉寂，放眼望去，一片狼藉。

丙：怎么回事，我们怎么到了战场中？

甲：什么情况，这是哪里？

使者：啊，不好意思！我带错了时空，把你们带到了俄国莎士比亚《战争与和平》的幻境中了！

丙：使者，不用愧疚，来到这里，也是一次不平凡之旅，我们没有经历过战争，但我们可以在这里感受到战争给人类带来的灾难。

甲：是啊，在灾难面前，人类是多么的无助，我们的唐山大地震，短短 23 秒，整座城市就变成一片废墟，242769 人死亡，164000 万多人重伤。

乙：不管是战争，还是自然灾害，都击不垮顽强的人类，人类总能凭借自己坚强的意志去战胜它，用自己聪明才智去改造它，我们唐山人就是凭借着坚强和智慧让唐山这座城市凤凰涅槃般重生，并用慈善博爱之心永远呵护着我们这片美丽的家园。

使者：好！我虽是无意中把你们带到这里，但我又觉得把你们带到这里是我最有意义的一件事情。在这里你们散发出了智慧与博爱的光芒，希望你们用自己的智慧、用坚强的意志，用慈善博爱之心，努力拼搏、勇往直前，创造人类更加美好的未来。

大家：好，我们一定会的。

使者：让我们一起鞠上一躬，向为人类做出贡献的每一个人表达我们最深的敬意。大家一起鞠躬一次。

使者：告别过去，走向未来。我带你们去下一个国家。

甲把乙和丙叫到一边，窃窃私语了一番，然后来到使者面前。

甲：使者，我们商量好了，我们暂且哪也不去了。我们要回到我们自己的国家，传承我们中国优秀的民族文化，努力学习科学文化知识，去实现我们美丽的中国梦，实现我们中华民族伟大复兴。我们将来还要走向世界，用我们的智慧去创造全世界人类共同的、美好的未来。

使者：好，说得好，我一定会支持你们，让我们共同努力。

大家一起说：实现中国梦！实现中华民族伟大复兴！创造我们全人类共同、美好的未来！

闭幕。

塑天

挑战题目	匠心独创（3D 打印机设计及制作）	组别	高中
学校名称	唐山市第一中学	队名	塑天
队员姓名	孙若桐、蔚晨曦、杨照同、赵雨潇、范芳菲、郭冯竞云、韩佳伊		
辅导教师	陈玉珍		
团队口号	蓄势待发，塑我赤子心；剑指苍穹，天下谁争锋！		

一、创新设计模块（50 分）

1. 设计分析：

【人】：

孙若桐：擅长编程，善于分析事物，组织能力强，责任感强；处理突发情况能力较强，能够很好解决内部矛盾，动手能力强，有创新精神。

蔚晨曦：大方开朗，喜欢和人交往，但说话无所顾忌，善于实践，分析问题总有一套与众不同但可行的理论。

赵雨潇：交流能力强，学习理解能力强，喜欢写作。性格大方开朗，爱笑，动手能力强，可以与队友进行更好配合，性格随和，但有些急躁。

范芳菲：工作严谨、正经，擅长简单的物理设计以及实际的操作与组装。能胜任演讲、说明方面的工作。

韩佳伊：开朗，向上，活泼可爱。绘画作图，文学创作及书写。

郭冯竞云：热情开朗，具有强烈的责任感能快速融入集体，擅长交流沟通，学习能力强，英语方面较好。

杨照同：开朗幽默，善于交往，多才多艺，擅长各种艺术与运动，有较强组织能力。善于拍摄与剪辑视频。

【物】：作品选材无特殊要求，且圆形设计较节省材料，因此制作材料成本较低；又由于设计原因，对做工要求较严格，如底导轨与上面半圆导轨，圆弧的加工需要比较精细。

【环境】：本作品能应对一般情况，出于对有风的情况考虑，本作品可加玻璃罩。由于圆形底导轨，本品易放置。因此本作品适应能力较强。

2. 核心问题：

设计的可行性：打印机设计需要一种可行的计划，不能有了造型就没了功能。

作品的创新性：作品须对原有模型修改。在此之前，要对原设计做充分了解。

3. 解决策略：

我小组通过各种渠道获得几类打印机的模型，通过几次交流后，各自设计了几种。之后通过开会讨论选出最终的设计方案。为保证创新性，我们花了大量时间找出各个模型特点，并尽可能避免与原模型重复。同时，我们也请教了几位相关专业人士，学习了一些 3D 打印机的基本原理。最终利用 Photoshop 做了设计图。

4. 创新要点：

(1) 打印针可伸缩，直径在 0.5 毫米保证打印精度，伸缩装置利用螺纹，可调到任意长度。

(2) 半圆导轨能在底导轨上活动，利用磁悬浮列车的原理将其托起，用小橡胶轮驱动（图中未画出），使其能多角度工作并保持灵活，因此可以略高打印速度。

(3) 打印头可在半圆导轨上自由移动，与半圆导轨运动原理及优点相似。

(4) 上述磁悬浮的应用使打印头运动可控性增强，可在较高速度下保持打印精度。

(5) 底座上有固定螺丝，底盘可拆卸，方便打印结束后取出。

(6) 双导轨加上打印头可使运动机动性增强，可简化输入过程。

5. 设计效果图：

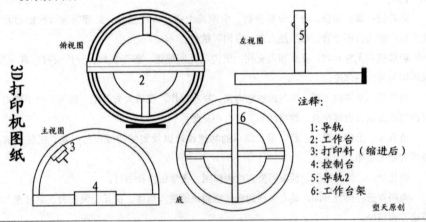

二、人文设计——创意故事（30 分）

七个小矮人的风铃岛之旅

唐山市第一中学　塑天

七个小矮人（万事通、害羞鬼、瞌睡虫、喷嚏精、开心果、糊涂蛋、爱生气），参加完白雪公主和王子盛大的结婚典礼，又和其他动物朋友们回到了魔法森林，也回到了他们过去"山中无甲子，寒尽不知年"的生活。但是，白雪公主的美丽形象却印在了他们每个人的脑子里，也经常出现在七个小矮人的梦中。

时光飞逝，不知不觉中已经进入了 22 世纪。七个小矮人最近好像忽然感觉，透过茂密的树冠，空中经常传来异样的响声，这引起了开心果的好奇。一天，七个小矮人正在森林里伐木，头顶上又响起了同样的声音，开心果抬头，眯着眼睛伸长脖子向上看。哇！透过浓密的枝叶，他惊奇地发现天空中飞着几只奇怪的"鸟"。它们五颜六色，形状各异，在高空盘旋，偶尔从尾巴里还喷出五彩的烟雾，奇怪的声音就是它们发出来的。忽然，这几只"鸟"同时发出了风铃的声音，继而用烟雾画出来"风铃岛"三个字。"你们看！"其他六个小矮人同时抬起了头，都张大了嘴，眼睛也瞪得大大的。

吃完晚餐，七个小矮人围坐在餐桌边，万事通托着下巴，自言自语："外面的世界在召唤我们了。"害羞鬼怯怯地问："你，说什么？""你是不是看到那几只'鸟'，又想到外面去看看呀，啊？"爱生气气冲冲地问。这时，瞌睡虫慢慢撩起眼皮，慢吞吞地说："其实，我也想到森林外边去看看了。""我也赞成！"开心果欢呼雀跃。喷嚏精和糊涂蛋没有表态。最后，七个小矮人决定第二天就出发——去"风铃岛"！

第二天早晨，七个小矮人来到一棵魔法树前，请求魔法树赐给他们每人一片树叶，并且送他们去风铃岛。就这样，七个小矮人坐在魔法树叶上，来到了风铃岛。

登上风铃岛，七个小矮人被所看到的景象震惊了。岛上的各个角落都装饰着各种大小不一的风铃，发出悦耳的风铃声。宽阔的路面发着光，不同的车道颜色也不一样，路上跑着他们从来没有见过的"甲壳虫"，且很多"甲壳虫"里居然没有人。路边是各种奇形怪状的房子，房子里走出来的人，穿着各种款式的衣服，五光十色，色彩斑斓。路边还竖立着很多块发光的"墙"，"墙"上还不断出现各种文字和图像，最让他们诧异的是，这些图像中还有七个小矮人和白雪公主！

七个小矮人逛遍了风铃岛的大街小巷，最后，他们有些局促地走进一家商店，发现门口站着一个"人"，那个"人"见他们进来，突然说："欢迎你，七个小矮人！"但是，他的嘴并没有动。喷嚏精吓得冲那个"人"打了个喷嚏，那个"人"咣当一声倒在了地上。这时，商店里唯一的服务生赶紧跑过来，也吃惊地对着他们说："你们真的是七个小矮人吗？""当然，我们当然是七个小矮人，我叫爱生气！"爱生气横眉立目。

"啊！这太意外了，我是听着关于你们的故事长大的。欢迎，欢迎！"服务生几乎是在欢呼。万事通指着倒在地上的那个"人"，问："这，这，是怎么回事？""啊，不用担心，它是个机器人，我把它扶起来就是了。""机器——人？"糊涂蛋满腹狐疑。接着，服务生又喜笑颜开地说："太巧了，你们七位的到来，正好使我们店的顾客达到了 1000 万人次，为此，我们店要授予你们七位一个特权——可以从我们店里任选一件商品，我们店免费奉送！"

于是，万事通带领其他几个小矮人开始在店里逛起来。忽然，开心果惊叫了一声："快来看呀，白雪公主！"果然，他们发现一个"白雪公主"站在那里！"这，也是机器——人吧？"瞌睡虫问道。"是的，你们想要它吗？"服务生问。"是的，我们就要它了！"七个小矮人异口同声。

七个小矮人结束了他们的风铃岛之旅，心满意足地抱着"白雪公主"，坐着魔法树叶回到了魔法森林。现在，白雪公主终于可以天天陪伴他们了，但是，七个小矮人的梦里，又多了一个场景：风铃岛，那新奇的世界。

无限

挑战题目	知以藏往		组别	高中
学校名称	唐山市第一中学		队名	无限
队员姓名	安利源、马良明、苏泽楠、刘新洋、龚海娇、李林阳、杨海梦			
辅导教师	杜婧超			
团队口号	能量无限，友谊无限，智慧无限，梦想终可实现。			

一、创新设计模块（50分）

1. 设计分析：

【人】：我们队的队员都有各自独特的能力，相互配合，顺利地完成了创新作品。我们有认真、负责的队长，能力出色、各司其职的队员。我们的队员文笔好、技术高、思维活。这是我们能够完成作品的重要原因。

【物】：我们设计的创意座椅主要使用304不锈钢，硬度足够且耐腐蚀，也给人一种不错的观感。椅子采用了摇椅这种结构，让使用者感到舒适。另外，我们充分利用空闲空间，做了两个内置书架，非常适合读书爱好者。在椅子的两个侧面，我们分别放置了蓝牙音响和饮品加热装置，为读者营造良好的读书环境。在人工智能方面，我们将搜索引擎与其结合，依靠语音识别功能进行读书时有关搜索，再通过语音（可以调节口音）传达出来。

【环境】：可能在人工智能方面功能有时会不稳定，语音识别会不清楚。

2. 核心问题：

我们的主要问题在实现人工智能方面，如何将其与搜索引擎建立联系，如何达成语音传达。

3. 解决策略：

我们从汽车通过蓝牙与手机连接上得到启发，决定也通过蓝牙让座椅与智能手机连接实现搜索、语音等功能。

4. 创新要点：

简化了实现方法，并且在此基础上，可以再扩展出更多相关功能。

5. 设计效果图：

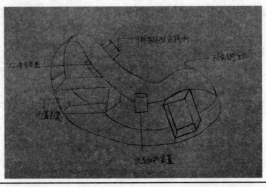

二、人文设计——创意故事（30分）

悟空除锈记

唐山市第一中学 无限

花果山上，热闹非凡，自从猴子猴孙的大王——孙悟空护送唐僧取得真经，衣锦还"山"后，这花果山就再也没妖魔鬼怪敢来造次。小猴们再也不用整日拿着刀枪棍棒忙于操练，这不，水帘洞里又摆上了花果盛宴，小猴们正饮酒作乐。

然而，猴王孙悟空却是愁眉不展，静静地坐在石椅上，盯着手里的"绣花针"。小猴们见猴王闷闷不乐，都停止了打闹，带着好酒好果子来到他身边。"大王大王，您这是怎么啦？""大王，您都是斗战胜佛了，怎么还是不开心呢？"悟空嘴里念叨着："大，大，大……"只见他手里的绣花针一会儿便有八尺之长，这才展露它真实的样貌——原来是那大名鼎鼎的金箍棒！但小猴们又定睛一看，这金箍棒上竟有一块儿红褐色的，和藓子似的东西。悟空开口了："我这金箍棒上，不知长了什么，你们快帮我看看。""大王大王，我知道这是什么，书上说，这叫锈，是铁都会长锈，您这玄铁也不例外。"悟空皱着眉头，一副似懂非懂的模样："那该怎么办呀？马上就是天庭大阅兵了，这让我如何是好？""您可以找东海龙王呀，他一定有办法。"孙悟空一拍脑袋："对呀，我怎么把他老人家给忘了。"说罢，"嗖"的一声就踏着筋斗云飞走了。

行至半路，悟空忽然听见天空上轰隆作响，又见几道霹雳挥舞而下，将那参天大树劈得四分五裂，霎时火光四起，烈焰熊熊，悟空忙施法救了火，去云端看个究竟。

原来是那雷公电母正斗个你死我活，谁也不肯停手。悟空夺过他们手中的法器鼓和锣，大喊道："都住手。"雷公电母见是大圣，方才收手。悟空问道："二位何故斗得如此之凶，扰得凡界不得安宁？"雷公拍了拍烧焦了的衣裳，先开了口："玉帝因我二人有功于今年，凡界风调雨顺，百姓收粮颇丰，奖赏了我二人。令我不满的是，玉帝只奖了我一双靴子，却给了这人一件上好的华彩羽裳，你说说看，这是否公平？"还没等悟空开口，电母便抢着说道："不公平的是我！这种衣裳，我衣柜里不知有多少，只是这鎏金宝靴，我鞋橱里却不曾有过一双，明显是这靴子更珍贵啊，太不公了……""你若不满，咱们就去找玉帝评理！""去就去！"悟空连忙劝道："二位这是何苦，我来给你们想想办法。"雷公笑道："神仙尚不能解决，你这顽猴又有什么办法？"悟空亦笑道："此言差矣，方法这不来了。你觉得她的衣裳好，而她又觉得你的宝靴好，你俩把赐品交换不就好了？"雷公电母默然，羞愧不已。"这是二位的法器，俺老孙还有要事，失陪了。"说罢，又"嗖"的一声飞走了。

眨眼间，孙悟空就来到了东海龙宫，大喊道："老龙王，你给我出来！"龙王一听到这熟悉的声音，慌忙起身来迎接悟空。"大圣呀，什么风又把您给吹来啦？""你看看这金箍棒，还定海神针呢，居然长锈了！""大圣呀，你有所不知，这金箍棒也是铁，时间一长就长锈，所以就得定期在我们龙宫维修厂里维修。"悟空这才松了一口气，对龙王说："那你快给我拿去修修。"老龙王眼珠一转，心里打起了算盘，对悟空说："我拿来修定海神针的原料可是上等的海水，你也没给它个保险，所以呀，可不能给你白修。"悟空急了："那你说怎么办？"老

续表

龙王嘿嘿一笑："这样吧，我给你出个题，你要是能答上来，我就给你修。"悟空说："还有题能难倒俺老孙？快说快说！"老龙王慢慢悠悠地说："我的年龄是越来越大啦，身体也是一天不如一天，现在我只想问一个问题：怎样才能长寿呢？"悟空大笑道："早睡早起，合理饮食。"龙王摇摇头，悟空又说："劳逸结合，放松心情。"龙王又得意地摇摇头。悟空抓耳挠腮，想着：龙王这是不按套路出牌呀！嗯……我也得换个角度想想。呀，我知道了。悟空一跳三尺高，对着龙王说："是不是只要不停呼吸，就能活着。""这……这……""是不是？是不是？""来人，把这金箍棒拿去修了。"

几日后，悟空带着崭新的金箍棒，在天庭大阅兵上好不威风。

恒星

挑战题目	守望相助（人机协同）	组别	高中
学校名称	河北省唐山市第一中学	队名	恒星
队员姓名	唐健祺、刘昊安、李祎珣、熊飞熊、崔晓雪、王思雨、杨欣怡		
辅导教师	耿立志		
团队口号	愿做恒星，照亮人类前行的路。		

一、创新设计模块（50分）

1. 设计分析：

【人】：

队长唐健祺，能够熟练完成无人机驾驶，在化学方面有较高造诣，能正确处理队员间的矛盾与分歧，他成熟稳重，处事沉着冷静，能顾全大局，能很好地抓住全队的重心。在绘图以及设计方面也小有成就，为全队提供各方面的帮助。

队员刘昊安，有摄影特长和较强的美术功底，能熟练运用图像制作软件，完成绘图等任务，性格随和，能与其他队员有良好的沟通和协作，是小队的参谋长。

队员熊飞熊，有很强的文学素养，能优秀地完成剧本和故事的创作，在视频的剪辑制作上也有很高的水平，还有很强的运动天赋，是一名羽毛球选手，性格活泼，幽默风趣，能带动全队的气氛。

队员崔晓雪，有非常高的沟通能力、表达能力和协调能力，有很强的逻辑思维，能够处理好对外交往等一系列问题，兴趣广泛，对许多新事物都有涉猎，运动神经敏捷，她性格开朗，积极进取，为全体成员提供进步的动力。

队员李祎珣，在应用物理方面有很高水平，在操作、设计机器人方面都有很多实际经验，有较强的科技思维和创新精神，能出色完成机器人的操控与组装，他处事洒脱，乐天达观，有很强的逆商，遇到困难时为全队提供坚持的动力。

队员王思雨，在音乐和才艺表演方面十分出色，有很强的表演天赋，能够熟练完成影片的设计表演。她有较好的沟通能力和表达能力，有自信心，能微笑面对一切失意和困境，意志坚定，学习能力和适应环境能力强。

队员杨欣怡，有很强的空间结构设计能力，会熟练使用3D绘图软件，能为全队提供技术支持，完成设计工作和编程工作。表达能力卓越，她反应敏捷，坚持不懈，做事细心谨慎，是全队的"后勤部长"。

【物】：

（1）选材：主要材料：碳纤维，玻璃纤维，基体材料（树脂）。碳纤维、玻璃纤维利用轴向性能（韧性），外部为夹层结构，内部采用蜂窝夹芯和泡沫塑料夹芯相结合，在保护内部控制中心的同时尽量减重。树脂以耐温性良好为主。

（2）质量：以一个 20 厘米×20 厘米×20 厘米的碳纤维实心立方体为模型，质量应为 12800 克，即12.8千克。考虑到无人机实际材料并不仅是碳纤维，中间有机翼，控制中心等设计，实际质量将远少于 12.8 千克，预计在 8~10 千克。

（3）价格：7 千克碳纤维主体30000 元，无人机专用大功率电池42000 元，无人机发动机 1500 元，芯片组2500 元，北斗定位系统400 元，微型摄影机4000 元，纳米涂层（只覆盖主体部分）4000 元，其他辅助部件1000 元，总共85400 元。

【环境】：

（1）由于天气原因，导致轨道偏移和航行事故。

（2）会受到其他飞行物的威胁。

（3）受现在电池容量的限制，航程偏短。

2. 核心问题：

（1）无人机在陆地上行驶可能遇到各种各样的障碍物，所以如何避开或清除障碍物是技术上的一大难点。

（2）我们设计的无人机会有钻探任务，如何协调机身与钻头的关系是十分重要的。

（3）由于无人机需要具备海上作业能力，如何使无人机具备需要的防水能力是一大难题。

（4）在侦查与收集信息时，不够隐蔽。

（5）在极寒或深海地域作业导致供能电池或机械故障或能源不够。

（6）无人机的功能有许多需要依靠伸缩来实现，对制造要求较高，制造难度较大。

3. 解决策略：

（1）配备可伸缩的机械臂和激光炮。

（2）用万向轮使土流向两侧，避免堵塞。

（3）在主要元器件上加一层纳米材料。

（4）尽最大可能利用机身表面的 LED 面板，像变色龙的皮肤一样，随地域不同，改变自身外观，便于隐蔽地进行工作。

（5）可在机身表面装备风力发电或太阳能板，采用多种供能方式。

（6）在参考飞机的起落架，制造车间机器人等半自动技术的同时，添加自主的程序编程，用高速计算的内置电脑精准操作部件伸缩。

4. 创新要点：

（1）机身的机械臂可以移动一些障碍物，右侧的激光发射器可以直接消除难以去除的大型路障。

（2）解决挖掘产生的泥土无法处理的问题，同时可以加固两侧洞壁，防止坍塌。

（3）纳米材料可有效防止进水，保护主要元器件。

（4）在机身表面覆盖一层防水的 LED 面板。

（5）多种供能方式相结合。

续表

（6）采用现有技术和创新方式相结合的方式，将制造难度降到最低。

5. 设计效果图：

（1）整体视图

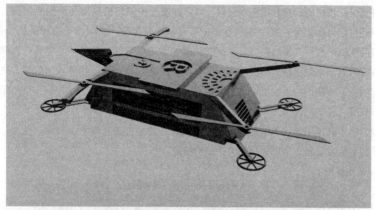

　　机翼部分：机翼的连接杆处可以自动伸缩，使无人机能在不同的地域切换不同模式，十分自由快捷，另外还有利于进入狭小的空间结构中；无人机同时有多个方向的机翼其中四个主翼是用来在空中飞行，另外四个腹翼是用来在水下划水，实现在水中的推进。

　　机身部分：飞机的机身有很多观察口，可以方便机中的扫描仪探测周围的情况，同时这些观察口还可以自动记录一些关键信息，进行自动信息处理，从而给予指挥系统一些帮助，飞行器机身两侧还有可开闭的窗口，里面左侧是一个机械臂可以移动一些障碍；右侧有一个伽马射线发射器，可以将超大型的障碍清除，后面还有一个可供动物进入的阶梯，顶端有一个供钻探的钻，使我们的无人机可以进入地下；机身结构轻盈坚韧，适用于不同的工作环境。

　　底盘部分：轮子的灵感源于生活，结合灾后救援机器人和日常手推车的轮子，能够不受障碍限制，适应陆地上坎坷不平的路况，使无人机在陆地上的行动更加自由。此外，轮子还配有六个独立的发动机，可以确保动力系统的稳定。

　　（2）结构视图

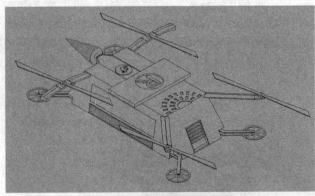

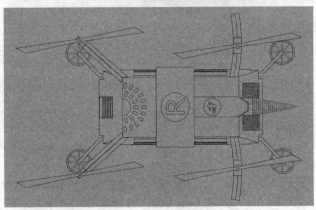

续表

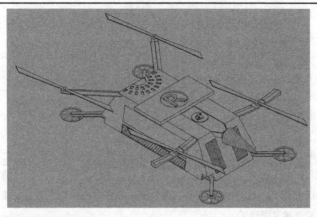

（3）初始设计图

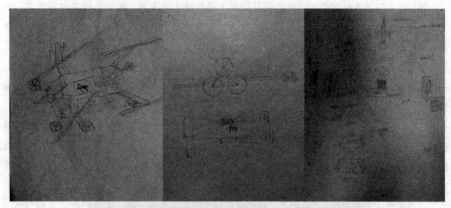

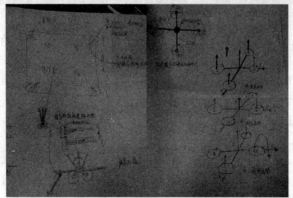

二、人文设计——创意故事（30分）

硝烟深处

唐山市第一中学 恒星

这篇故事，献给那些本不应消逝在岁月中的生灵。

X国的无人机盘旋在Y国军事基地上空，Y国的军事机密正在被破译，一点点地传回X国的战略指挥部。

一个通信兵匆忙地跑进Y国的总指挥室。"泰勒长官，我国的军事系统防火墙已经发现了漏洞，怀疑是X国的无人机操纵的。您看应该怎么办？"泰勒眉头微皱："X国最近是越来越猖狂了。去，用咱们的电磁波扰乱器把他们的无人机搞下来。"

X国战略指挥部里一片欢乐，新式无人机马上破译Y国的防火墙了，胜利仿佛唾手可得……

突然，X国的无人机传来一阵乱码，Y国的信息传递中断，无人机也失去了与X国的信息联系。乱作一团的X国终于又重新定位到了无人机，并且接收到了一种之前从未接收过的奇异信号。地图上显示，无人机偏离了原定的轨道，正在向两国边界飞去。随着飞机向边界越飞越近，信号也越发强烈了。

很快，X国无人机接收到的奇怪信号引起了希兰博士的注意。他决定到实地探测它。希兰是一众好战分子中的异类，他原是自然系的资深学者，却因战争而转为勘测作战实地的参谋。很久，和平的种子已经深埋在他的脑海里了。

随着他们的步伐越来越接近信号的发出地，无人机控制器上的乱码正在一点点变得清晰，一行人在惊喜的同时又觉得有些担忧，莫不是Y国的隐藏军事基地？如果是，这场战争恐怕难以在短时间结束。

"咳……"清晰的声音从硝烟深处传来，"人类的炮弹已经几次落入我们的家园了，这里已经没有办法生存下去了，大家看看能不能想点什么办法。"一个雄浑的男性声音通过无人机的声音处理系统传到了科研人员的耳边。希兰博士带着小分队循声走过去。在一片荆棘丛后面的空地上，在凹凸不平的炮弹坑里，几只落魄的动物正相对坐着。

一条鳄鱼大声地嚷道："要我说，咱们就应该出去和人类打一架，让他们也知道咱们都不是吃素的！"

"我的族群已经被人类残害得所剩无几了……我可不想白白等死，我想咱们还是应该找个比较安全的地方躲起来。"象在角落发表了自己的看法。

这时一声尖锐的啸声从小分队头顶上空传来，"兄弟们注意啊，我看到前面的草丛里有人类，大家提高警惕！"一只隼盘旋在上空。

"他们竟然还敢来！是可忍孰不可忍，今天一定让他们付出代价！"鳄鱼气势汹汹地迈步向希兰的方向走去。

小分队已经全副武装，情急之下，希兰博士对着控制器大声地喊道："大家不要冲动，先听我解释……那个鳄鱼大哥，你先向后走两步行吗？"鳄鱼停下了脚步，于是希兰接着说："我们是来自X国的科研人员，我国的战略侦察无人机由于受到电波的干扰，内部程序改变后貌似自主产生了翻译动物语言的功能，于是我们就循声来到了这里，打扰到了你们。听上去，你们的生活……好像遇到麻烦了吧。"

鳄鱼回头看了一下，示意动物们可以来进行交涉。豹说："这十几年间人类星球改造的活动越来越强了，我们的生存空间越来越小，以致本来水火不容的肉食、草食动物都团结在一起苟且生存了。而且从两年前开始的战争，让我们最后赖以生存的家也遭到了极严重的破坏。对于今后我们要去哪里，会怎样，我们……唉！"

一瞬间，风也好像停住了，偌大一片丛林，陷入寂静。

"我们……"希兰努力地想解释什么，却发现自己没有任何道理，来自人类最后的骄傲好像正在被消磨一空。

"对于这些事情，我们真的感到很抱歉。尽管我知道，这些并不能平息大家的怒火……请给我一些时间。"希兰第一次向动物弯下了腰。

在这次人类与动物的交锋中，人类明显落了下风。目送人类离开的动物们同样五味杂陈，他们第一次见到能和自己交流的人类，这样人与动物间的隔阂仿佛没有那么坚不可摧了，天上那只小小的飞来飞去的机械物品好像天使，是他们黑暗中的曙光。

回到 X 国的希兰向 X 国首脑肖恩详细地汇报了发生的一切。一个大胆的计划在 X 国的总指挥室里形成。

Y 国的总指挥室里，响起了急促的电话铃声。"总在我休闲的时候有这样的破电话烦我。"说着，泰勒拿起了听筒。

"喂，泰勒长官你好，我是 X 国的总指挥官，肖恩……"泰勒有点惊讶："啊？肖恩长官，今天打电话过来，是想找兄弟喝两壶，还是打算就此认输呢？"

"都不是，今天我是来跟你说，我们……还是休战吧。"

泰勒的语言变得轻佻："哟，这还是说明贵国打不起了啊。"肖恩并未生气："泰勒，你先听我说完……"

于是，许久，一个漫长的故事讲完，通话的两头都陷入了沉默。

"明天……不，不用明天了，放下电话我就去下命令，立刻退兵……"泰勒的声音明显变得颤抖。"而且，我们应该把那片森林，挽救回来。"他顿了一顿，"我不希望流落街头、风餐露宿，所以我掠夺土地、金银财宝，他们又何尝不是？他们只是不会说话罢了，生命，值得被尊重！"

许多年后，地母又换回了美丽的外衣。守望相助的人类和动物在无人机的帮助下，重建了美丽的星球。

我们的地球仍充满了奇迹，而且增强了我们的力量。今天握在我们手中的是我们这个有生命的行星上整个自然界的未来。我们可以使它消亡殆尽，也可以呵护它使它继续繁荣，这由我们自己选择……

当然，结果显而易见。

火狼

挑战题目	人机协同	组别	高中
学校名称	唐山市第一中学	队名	火狼
队员姓名	阎心怡、杨宗霖、刘禹辰、高礼、刘修齐、齐婧萱、邱文博		
辅导教师	刘卉		
团队口号	火舞春秋，狼战天下。		

一、创新设计模块（50分）

1. 设计分析：

【人】：火狼队是一个朝气蓬勃，阳光向上，具有超强凝聚力的团队。我队男女队员比例接近，在解决问题时考虑更周全，每位成员都各具所长，思维发散性也更强。我队队长是一个性格开朗，乐于助人的活泼少女，她具有很强的领导力和担当精神，是火狼队的主心骨。在队员中我们有思维缜密、逻辑推理能力强的，有富有创造力、开拓创新能力强的，有摄影技术高超的，还有擅长写作的，爱好摄影的，热爱体育运动的……每位队员都是这个整体不可缺少的重要组成部分。我们就像火狼一样追寻着创新的梦想。

【物】：海、陆、空多用飞行器。

【环境】：海、陆、空多种环境。

2. 核心问题：

外壳材料的承重、承压性能，压力如何转化为能量。

3. 解决策略：

材料选用合金，通过（如废墟）重物对压力板的压力，推动线圈切割永磁体（电磁感应）发电，从而转化为动能。

4. 创新要点：

通过能量的转换产生动力，减少了对化石燃料的利用，清洁无污染。

5. 设计效果图：

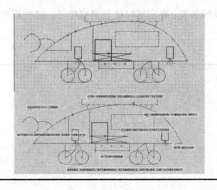

二、人文设计——创意故事（30分）

唯进取也故日新

唐山市第一中学 火狼

新年的钟声敲响，人类迎来了24世纪。

近三个世纪的第三次科技革命早已结束，而后开启的"AI革命"有了新的进展。人工智能作为一个早在20世纪中期就被提出的产物，如今终于成为社会的主导产业。

无人驾驶早已过时。人类研发出了一种新型多功能AI，供于海陆空三用。当海水没过机体三分之二时，会自动更换潜艇结构，无须工作人员操控便可自动进行前进、拍摄等一系列简单的操控。当海水低于机体三分之二时便又会自动切换回普通船只。平时便是普通的汽车。此类产品价格并不昂贵，大部分人群都负担得起。但若是可空用的，就不那么容易获得了。必须通过特殊的职业考试，得到国家许可。

AI技术的发展，确实导致了21世纪人们总在担心的问题——失业。

人们已不再需要警察。遇到什么紧急情况，会自动接通到人工智能客服。其涉及范围已囊括迄今发生的所有危机情况以及多种解决方案，至于从未遇到的——几乎可以说是没有。即使有，也可经过计算机处理制订出一套最合适的方案。其运算速度要远超于人脑。

追踪犯人也不再需要人类。取而代之的是更精巧更小巧的电子狗。电子狗行进速度极快，并在危机情况下有较高的攻击能力。在遇到数据库里留名的罪犯时，会高速向其皮肤内射入多颗追踪芯片并持续对其跟踪，同时向总部实时更新追踪信息。唯一不足的是大多数电子狗都是太阳能型的，必须通过摄取太阳能来补充内部能量，若能量耗尽则会立即进入待机状态。如何提高电子狗的能量储备以及如何使树叶一类东西不能阻止电子狗吸收阳光，还是社会正致力于解决的一大难题。

自然灾害越发增多，人工智能技术的发展，减少了许多损失。

几天前在A市发生的地震被进行了粗略的预测。系统通过手机天象信息及地质活动信息，在前几小时预测出了地震发生的大抵位置。政府利用高速运输器对市民进行了紧急疏散，未及时撤离的群众均躲进了避难所，有效地减少了地震带来的灾害。

但地震预测技术并未取得很大的发展，有些情况并不能得到及时的预测。如几周前B市发生的7级地震，给人类带来了极大的灾害。但由于救援迅速，减少了许多损失。

在救灾工作中起重要作用的便是一款新研发的无人机。这种款型的无人机造价低廉，但功能众多。它具有普通无人机所有的一切性质，可人工操控并对灾区进行拍摄，第一时间传输一手资料给总部，方便救援。而它还可改装为多功能的救灾汽车。在车的前部装有一个大型探灯，可在黑暗中为空中的无人机提供视野，方便拍摄。与此同时，它还配有红热感应装置，可以感应到被掩埋的生物。它的车身两侧装有两把电锯，可轻松切割前方的一切障碍物。而车顶则是一把巨型铲斗，可铲除废墟，协助救援。需要时则放下置于车前，不用时便向上收起。

不仅是此类功能型机器人，人形智能机器人的发展更为迅速。但如何平衡机器人与人类之间的关系，避免将来机器人在世界上起主导作用，还是社会需要共同思考的一个问题。

极光

挑战题目	负重致远	组别	高中
学校名称	唐山一中	队名	极光
队员姓名	李星烨、刘利鑫、刘浩宇、秦北鸿、孙京原、王子铖、郑派成		
辅导教师	宋立国		
团队口号	赤子之心 选择无悔 知其所来 明其所往		

一、创新设计模块（50分）

1. 设计分析：

【人】：

（1）李星烨

特长：篮球。

能力：组织能力，语言表达。

性格特点：开朗乐观。

（2）刘利鑫

特长：手工。

能力：想象力丰富。

性格特点：沉稳。

（3）郑派成

特长：数学。

能力：数学计算。

性格特点：处事冷静认真。

（4）秦北鸿

特长：美术，计算机。

能力：绘图设计。

性格特点：自信沉着。

（5）刘浩宇

特长：交际。

能力：交际能力。

性格特点：细心稳重。

（6）孙京原

特长：物理。

能力：几何与力学分析。

续表

性格特点：率直。

（7）王子铖

特长：资料收集。

能力：数据处理。

性格特点：开朗热情。

【物】：本作品主要选择木材、PVC 吸管、牙签、硬纸板。质量较轻，且坚固牢靠。成本方面，由于木材消耗较大，所以成本会较高。

【环境】：木材在低温的环境下韧性会降低，PVC 材料难以克服高温，且易发生变形。双 A 支架在不同硬度的地面上难以控制与垂直方向的角度。以牙签作为连接杆和小型铆钉对工艺要求较高。

2. 核心问题：结构的主要支撑柱在获得竖直支持力的同时，也会产生水平方向上的分力，这个方向的分力会导致结构在承重时发生倾斜且刚性立柱在承重时必须保证柱与柱之间的相对稳定。

3. 解决策略：

为解决水平方向上的分力，我们设计了一对 A 形支架，来平衡水平方向上的分力。为保证主体结构稳定，我们在主承重柱之间架上了水平的连杆，在结构内部，我们用了四根长杆来连接四棱柱内的四条对角线。

4. 创新要点：

一对 A 形支架的使用，来平衡水平分力，斜向连杆与水平连杆共同作用，维持四根承重柱的相对稳定。

5. 设计效果图

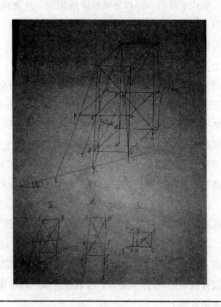

二、人文设计——创意故事（30分）

血色极光

唐山市第一中学　极光

以前的南极，听不见亚历山大横扫了世界，看不见元蒙血气迷蒙了中亚的天空，独自下着雪。偶尔几座冰山梦游般走来，几阵风咆哮过，呼——呼——就这么过了几亿年。

"我竟然想来这里，我一定是疯了，"他想，"但是兄弟，极光就在前面等着你呢，快走吧！"

这个壮实的中国男人——穆彪，在一片茫茫无际的雪地里一步一步地向前走着，风衣下的肌肉，在剧烈地颤抖抗议，本就棱角分明的脸在极寒下更显得锋利。那护目镜下的眼睛中眼白占了大半，在正中的瞳孔黑得深邃，连阳光经过时都被那汪深渊吸进，被那样一双眼盯着的时候，会让人产生出一种被饿狼盯着的感觉。他们一行人进入南极探险，他们说："我是来朝拜的。"上帝创世第一天说要有光。但在半路上，仪器却因部件老化停止了工作，资源站的信息无法传到他们那里。温度急降，天气变化，都没有准备，可他们也没有了回头路，只能迎着南极的寒风继续往前走。南极的风，含着雪粒击打在他们身上，击垮了一个又一个队友，最终他的最后一名队友也还是留在了距离目的地100公里的地方。

雪地靴把堆积了不知几万年的雪压陷下去，好像棕熊的脚印。穆彪大步向前迈去。谁知道这到底有多少雪，一切都是白色的，天是白色的，地是白色的，风也是白色的，一场暴风雪可以掩埋一切，在原始的环境面前，人的力量过分渺小。"太冷了，南极她太苦了，难道她不会抑郁吗？也许会吧，她的眼泪都成了冰，但至少还有极光，怪人永远不会有朋友，是不是？"穆彪边走边想。"后面似乎有东西动了一下，等等……"他蹲下，远处有一只黑斑点的白色大猫，前腿扑着，后腿成了弓形，那双分明的眼球瞪着，死死地与他对视。"雪豹！"他大吼一声，挥动着双臂用力向前奔去，全力奔跑溅出的雪扬在空中，起了一片雪雾。跌跌撞撞间，他听见后面那只雪豹的皮毛与雪粒摩擦发出"哧哧"的声音。那声音离他越来越近，近了，又近了，快被追上了！

穆彪管不了其他，只知道如果被那个东西追上他就死定了，拼命地先前跑。忽然，他一脚踩空，身子斜着落了下去，掉进了狭窄的冰缝。他用力扒着冰壁，冰碴在他手上残忍地划过，冰壁上沾满了他灼热的血液。穆彪拔出刀，狠狠地插在冰壁里，才终于停止了下坠，脚上也找到了着力点。他紧贴着冰壁喘息，呼出的白雾冷凝在护目镜上，仅有的体力也丧失了，冰碴也在他的脸上留下了道道血痕，血顺着脸颊一条一条流下来，冰壁上的热血融化了冰，打在护目镜片上。他用僵硬的手，死死地抓着刀柄，手上传来阵阵刺痛，但他不能松手，他抓住的，是自己的命。

上方探出一个白色的头，分明的眼球冷冷地盯了他一会儿，走开了。"它以为看到的是一个死人了吧，我要上去，我还没看到极光呢，倒霉，包掉下去了，还好护目镜还在，我还能撑三天，它如果还在上面，我就把它用刀捅下去，有点难度，但我相信它没我聪明，毕竟它天天可以看到极光，也没有信仰。"穆彪望望天，没有一丝绚烂的迹象，叹了口气，眼前出现一大片白雾，又冷凝粘在护目镜上。

穆彪还没再听到雪豹的动静，便双手握住刀，用腿和身体抵住冰缝的两面，向上蠕动着，过了两小时，他终于又站在了冰面上，头上的汗刚要滴落就变成了冰，砸在雪面上，成了一个个小洞，身上的每一块肌肉都在嚎叫，他说："不行，我必须得静静。我没有了背包，快要天黑了，得赶在天黑之前到达高处。"他试了试站起来，又重重地跌了回去，他再用手抵住雪面，肘处却无论如何也伸不直，浑身肌肉都在剧烈地颤抖，他扑腾几下终于站了起来。"没体力了，"他心说，"我太乐观了，休息一会吧，然后再走……"

穆彪看着依旧的白气，不知是寒气还是雪粒，一阵风呼啸过，将背后的足印掩埋得光滑平静，似乎从未有人来过，他似乎也有种错觉。"我在这里吗？也许我在天黑后也会像这样没有痕迹吧。"穆彪闭上眼睛想着。其实在匆忙中，我们并未做错过什么，就像暴风雪来临时，没有一片雪花觉得自己有罪，但也没有一片能够幸免破碎。

"哦，不行，太可怕了，我不能想这些，我要赶路。"穆彪站起来，溅起的雪花闪耀着惨白的光，他颤抖了一下。

天完全黑下来了，穆彪发现自己在抑制不住地抖。"要来了吗？"他想，但南极似乎觉得他太放肆了，不允许他继续往前。他的耳朵已经没了知觉，呈现出一种不正常的深紫色。风吹起来，混着雪粒撞在脸上，吹得穆彪往前再也迈不出一步。

"就在那块岩石边上吧。"穆彪想，"也许我看不到极光了吧，也见不到世人了，但我想起这些都是平静的，难道我所追求的，竟是一个过程？不，过程留不下什么，南极太伟大了，我拼命挣扎也不会在上面留下痕迹。我从未征服南极，但我杀掉或者说成就了自己。"所有人都会死去，但不是所有人都曾活过，如果一个人身上没有因追求而留下伤疤，那他就从未活过。

你在很小的时候，就会有一个理想，你会想："南极很远。"但当你长大，你可能会坚持靠近她，这个东西叫目标，她会折磨你，放又放不下，做又做不到，你对她可能不是最初的印象，但你还是会去追逐，她会安排让你掉进冰缝，被雪豹追赶，这条路冒着极寒之气，你要明白，你可能会被逼得走投无路山穷水尽，但你要保留不哭的权利，这是我们面对少时理想的最后的勇气。

穆彪熄灭了灯，重整衣袖面向北躺下。这时满天极光散落，上天染红了半个南极，灵透的颜色中透着一尘不染的光，似乎在慢慢涌动，是打碎的彩虹流下斑斓的梦。的确不该是人间拥有的东西。

他再也忍不住了，在雪地里哭得像一个孩子。

泪水混着血掉在地上。把南极的雪染红了。

天擎

挑战题目	负重致远		组别	高中
学校名称	唐山市第一中学		队名	天擎
队员姓名	王卓然、许桐瑞、果霖嘉、刘梦卓、张笑阳、白轩齐、郑雨函			
辅导教师	杨小平			
团队口号	我思故我在！			

一、创新设计模块（50分）

1. 设计分析：

【人】：

（1）王卓然

性格：冷静、果断，善于分析问题。

特长：二胡、物理、摄影。

能力：分析问题周全，可以在制作过程中解决突发问题。

（2）许桐瑞

性格：开朗外向，大方得体、有责任心。

特长：计算机、足球。

能力：有编导经验，能够负责剧本编排工作，擅长计算机，可以为团队提供信息支持。

（3）果霖嘉

性格：内向、细腻、遇事善于思考。

特长：听歌、看书。

能力：参加过省级科技创新大赛，知识面广，能在制作过程中提出创意思路。

（4）刘梦卓

性格：内向、心细、积极乐观。

特长：钢琴、长笛、书法。

能力：动手能力强，可以参与制作过程并检查思维漏洞。

（5）张笑阳

性格：乐观向上、外向智慧。

特长：电子琴、绘画、音乐、物理。

能力：能为团队提供美术支持，思维发散性强。

（6）白轩齐

性格：较为内向、直率，积极乐观。

特长：游泳，善于鼓励队友，调节团队气氛。

续表

能力：可以在团队中鼓舞士气，起到调节作用。

（7）郑雨函

性格：乐观、外向、思维活跃、认真负责。

特长：化学、地理、象棋。

能力：见多识广，能言善辩，可以负责叙述和答辩。

【物】：

选材：桐木、扑克牌、吸管、胶水、胶带、IC 信纸、IC 彩页。

成本：日常生活中简单易得的材料。

质量：采用扑克牌为主要制作材料，使用桐木进行连接，质量较小。

【环境】：

桐木在温度变化大的环境中易产生细微裂痕。吸管在低温环境下变脆缺乏韧性，制作弯折过程中容易断裂。

2. 核心问题：

（1）大量使用桐木做支撑可能导致结构超重。

（2）结构与斜坡接触面上摩擦力较小。

（3）承重柱换成扑克牌可能造成结构强度不够。

（4）制作过程中不易保证扑克牌的筒体的圆度和圆柱度。

（5）支柱与坡面的接触位置如何达到最大接触面积（马蹄口制作）。

（6）安装过程如何保证立柱竖直。

（7）安装过程如何保证柱顶完全处于同一水平面。

3. 解决策略：

（1）支柱采用将扑克牌卷成筒体作为圆柱，上下两端连接桐木的结构。

（2）斜支撑以吸管为主要材料，既减轻质量，又方便连接。

（3）支柱下端尽量用砂纸打磨粗糙，以增大摩擦力。

打磨之前在支柱下端留出余量，多次进行打磨调整，使支柱下端与坡面紧密贴合，接触面达到最大。

（4）运用扑克牌和牙签结合加固。

（5）利用纸张做成测角度装置保证立柱竖直。

（6）加强构件制作精度和装配精度，轻微高差打磨找平，利用吸管制作水平进行检验。

4. 创新要点：

将立体几何思维和力学相结合，对材料的性能和特点进行分析，分清重点和次要因素，在有限的条件下尽可能提高结构性能。有效利用现有资源，为达成整体目标多创造条件。

续表

5. 设计效果图：

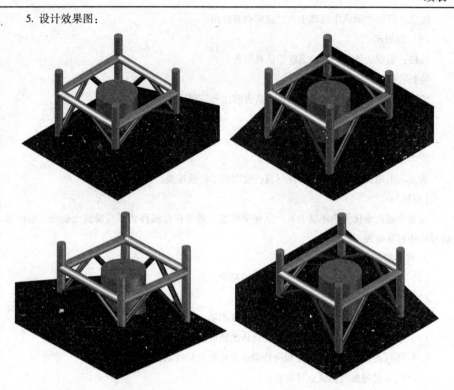

二、人文设计——创意故事（30分）

寻找最好的奶酪

唐山市第一中学　天擎

从前，在一个遥远的地方，住着七个小家伙。为了填饱肚子和享受乐趣，他们每天在不远处的一座奇妙的迷宫里跑来跑去，在那里寻找一种叫作"奶酪"的黄澄澄、香喷喷的食物。

这七个小家伙都是小矮人，和老鼠一般大小，但和人一个模样，而且他们的行为也和我们今天的人类差不多。他们的名字分别是赤、橙、黄、绿、青、蓝、紫。

由于他们七个实在太小了，他们在干什么当然不太会引起旁人的注意。但如果你凑近去仔细观察，你会发现许多令人惊奇不已的事情！

他们每天都在迷宫中度过，每天早上，他们会各自穿上运动服和慢跑鞋，离开他们的小房子，跑进迷宫寻找他们各自钟爱的奶酪。他们的共同目标是：寻找最好的奶酪。

迷宫中有许多曲折的走廊和好像蜂窝似的房间，其中的一些房间里藏着美味的奶酪，但更多的地方则是黑暗的角落和隐蔽的死胡同，任何人走进去都很容易迷路。

赤、橙总是运用简单低效的反复尝试的办法找奶酪。他们跑进一条走廊，如果走廊里的房间都是空的，他们就返回来，再去另一条走廊搜寻。没有奶酪的走廊他们都会记住。就这样，很快地他们从一个地方找到另一个地方。赤可以用他那了不起的鼻子嗅出奶酪的大致方向，橙则跑在前面开路。然而迷宫太大太复杂，如你所料，他们经常会迷路，离开正道走错了方向，有时甚至还会撞到墙上。

而黄、绿、青、蓝、紫则运用他们思考的能力，从过去的经验中学习，搞出了一套复杂的寻找奶酪的方法。他们也为此而时常沾沾自喜，甚至有些看不起赤和橙。然而有时候，人类复杂的头脑所带来的复杂感情也会战胜他们理性思维，使他们看问题的眼光变得暗淡起来。这也使得他们在迷宫中的生活更加复杂化，也更具有挑战性了。

但是不管怎样，他们都以他们各自的方式不懈地追寻他们想要得到的东西。最后，终于有一天，在某个走廊的尽头，在奶酪 C 站，他们都找到了自己想要的奶酪。

这里真是一个天堂，七个小家伙被眼前的情景惊呆了，无数各式各样的奶酪堆积如山，闪着诱人的光亮。七个小家伙呆了半响，然后疯了般地冲进奶酪堆，开始狂欢。

日复一日，奶酪 C 站里的奶酪逐渐减少……

终于有一天，当七个小家伙来到 C 站时，他们惊奇地发现，那里的奶酪不见了。

赤、橙并不感到吃惊。因为他们早已察觉到，这里的奶酪已经越来越小，并且一天比一天少了。他们相互对望了一眼，毫不犹豫地取下挂在脖子上的跑鞋，穿上脚并系好鞋带。跑去别的地方寻找奶酪，甚至连头都没有回一下。

黄、绿、青、蓝、紫愣住了，面对新的情况，他们毫无准备。

"怎么！竟然没有奶酪？"绿大叫道，然后他开始不停地大喊大叫，"没有奶酪？怎么可能没有奶酪？"好像他叫喊的声音足够大的话，就会有谁把奶酪送回来似的。

"谁动了我的奶酪？"青声嘶力竭地呐喊着。

最后，他把手放在屁股上，脸憋得通红，用他最大的嗓门叫道："这不公平！"

黄则站在那里，一个劲地摇头，不相信这里已经发生的变化。蓝、紫则坐在一边，沉默不语。

黄、绿、青情绪激动地大声叫骂这世界的不公平，用尽一切恶毒的语言去诅咒那个搬走了他们的奶酪的黑心贼。

他们就是不能接受这一切。这一切怎么可能发生呢？没有任何人警告过他们，这是不对的，事情不应该是这个样子的，他们始终无法相信眼前的事实。

第二天，赤、橙早早出发，奔波在迷宫之间，他们找啊找啊，虽然四处碰壁但却没有放弃。

与此同时，蓝、紫开始计划以后的打算。

"我们必须坚定目标，"蓝说，"赤、橙那样盲目地奔跑是不可取的。"紫点点头。

他们先大致辨别了原来走过的方向，讨论一番，默念他们最初的目标：寻找最好的奶酪。他们立刻穿上跑鞋，出发了。

两天过去了。

赤、橙在迷宫里盲目走着，他们已经没有力气跑了，一路上他们什么都没有捡到，他们渐渐体力不支，失去希望。他们踱步到走廊拐角，迎面遇上蓝、紫。

"嘿，你们怎么样啊？"蓝说。

"糟透了，我们就一门心思地跑，我好像把什么都抛在脑后了。"橙沮丧地说。

"和我们一起吧，我们找到了一些奶酪，只是没有很多，"紫说，"永远不要忘记我们的目标，我们要寻找最好的奶酪。"赤、橙幡然醒悟。

黄、绿、青依然在奶酪 C 站捶胸顿足。

"凭什么，这种事情为什么会发生在我的身上？"青大叫。

"我们应该得到补偿！"绿附和。

黄则小声说道："你们说赤、橙和蓝、紫去哪儿了？"

"赤和橙，他们能知道些什么？"绿说道，"至于蓝、紫……"

说着，赤，橙，蓝，紫向他们走了过来。

蓝先说道："伙计们，这样下去会饿死的，你们忘了我们的目标了吗？"

"最好的奶酪就是奶酪 C 站的，但是现在它不见了！"绿叫道。

"没有比它更好的了。"黄沮丧地说。

"但是我们要面对现实，我们必须行动起来。"赤说。

"唯有时刻记得你的初心，坚定信念，再加上我们大家的合作，我们一定会成功的。"蓝说。

黄、绿、青停止了抱怨，他们站起身，怀着共同的目标，一同走向新的旅程。

终于有一天，黄发现了一个巨大的奶酪 N 站。"我找到了！"他惊喜地大叫。

赤、橙、黄、绿、青、蓝、紫齐聚奶酪 N 站，尽情地享受。

"这可能是最好的奶酪了！"蓝说。

"不，"紫却说，"永远都不会有最好的奶酪，只会有更好的奶酪！"

于是，七个小家伙怀着更远大的目标，奔赴着一个又一个的目标。

逐梦

挑战题目	登峰造极		组别	高中
学校名称	唐山市第一中学		队名	逐梦
队员姓名	张博涵、刘子涵、魏一凡、黄鑫、任金阳、邓霁峰、耿一涵			
辅导教师	张敏			
团队口号	追梦路上，我们永不停歇。			

一、创新设计模块（50分）

1. 设计分析：

【人】：

（1）队长：

张博涵：乐观，勇敢面对挫折，喜爱长跑，魔方，动手能力强，善于组装。

（2）队员：

刘子涵：勤奋善良，喜爱唱歌，钢琴，敢于动手尝试。

魏一凡：阳光向上，喜欢科幻，想象力丰富，善于设计。

黄鑫：基础知识丰富，善于思考，成绩优异。

任金阳：幽默开朗，喜爱体育。

邓霁峰：组织能力强，喜爱写作，阅读。

耿一涵：为人外向，时常能给身边人带来快乐，合作能力强，有责任心，遇困难不退缩。

【物】：

（1）设计原则：在满足设计要求的条件下，整车结构力求简单，便于组装。保证车身结构的稳定情况下，尽量采用更少的材料，减小小车自重，以便小车行驶更远，保持直行。

（2）考虑因素：便于现场搭建；小车质量小压力小，摩擦力小；受力平均，稳定性好；实现最大的重力势能。

考虑物块下降时可能将小车底座结构破坏，采用三木条。米字结构虽然结构稳定，但是现场组装不容易，连接不当的话结构可能失败，所以最终采用了三木条，兼顾了结构稳定和现场组装的工作难度。

采用轴承的连接方式。前后轮转速不一致，前轮作为被动轮，所以采用了轴承转动，车轴和车架直接连接；后轮作为驱动轮，在物块下降时驱动小车前进。车轴随物块落下转动，所以采用轴承固定，车轴转动。考虑到后车轴过细的话，在绳子拉动时可能出现问题，所以在车轴和绳子结合部位包裹其他材料。

在上车架大体结构上采用立体中四边形稳固结构，并在中上部位加固一圈木条。这种结构稳定性更好，能为物块提供更大的支撑力。

定滑轮在上框架的中间部分，保证小车重心，前轮略微突出，可以让小车更容易前进。

【环境】：

小车行驶中可能遇到以下问题：

（1）小车后轮在安装过程中横轴无法与前部结构平行，造成小车无法向前行驶；

（2）小车重心过高，导致侧翻；

（3）后部缠线打结，导致无法前进。

2. 核心问题：

（1）小车框架结构是采用三轮还是四轮。

（2）小车的轮子尺寸，小车的框架尺寸。

（3）如何把轮子装在车上，怎么做到使摩擦力最小。

3. 解决策略：

小车框架结构，采用四柱、四轮，上部田字形固定定滑轮，结构更稳定。在四柱上用横杆固定；小车不能太高也不能太低，查询资料后整体尺寸选用 55 厘米×22 厘米×15 厘米，前后轮直径分别为 7 厘米和 10 厘米；查资料后选用四方木槽固定轴承的方法，这样动轮转动时可以使摩擦力最小。

4. 创新要点：

四轮都采用轴承连接，使小车行驶过程中遇到的阻力最小；同时小车结构简单，组装方便，使用材料小，便于小组成员通力合作。小车整体设计模块，体现团队分头并进的精神，体现了勇于创新、追逐梦想、登峰造极的精神。

5. 设计效果图：

二、人文设计——创意故事（30分）

顺应格局方为生存之道

唐山市第一中学　逐梦

公元 2563 年，地球，特力城。

悠扬的音乐，随着小机器人打开卧室门而响起。同时，窗帘缓缓拉开，蓝得可爱的天空上嵌着几朵白云。不远处，巨大的玻璃罩正反射着耀眼的太阳光。"唔……早上好啊罗伯特。"乱糟糟的被子中钻出一个同样乱糟糟的脑袋来，"啊，今天是《卡农变奏曲》吗，果然把轻音乐当作起床铃再合适不过了。""早上好，Dr. 张。现在是 2563 年 1 月 17 日 7 时 32 分 22 秒，今日您将在 1 小时 13 分 19 秒后与 Dr. 黄一起进入黄沙遗迹，收集前人类灭绝的原因并完成您的研究课题……"被称作罗伯特的小机器人身体微微前倾，发出与人类无二的话语声来。"好啦，这我当然记得，"张博士从被子中挣扎出来，双脚在床腿处一晃，便弹出一双靴子，"但我现在更关心的是今天的早餐是否会和我的研究课题一样枯燥无味？""正如您所说，工作忙绝不是亏待自己的理由。您的早饭与以往一样精致，包含难得的甜点，有'乳酪拿破仑'戏称的法式千层酥，配您最爱的卡布奇诺咖啡。洗漱用具已在厕所准备完毕，如果计算您每天在镜子前揉捏自己脸的时间，那么您在三分钟之后就可以享受热腾腾的早饭了。""首先感谢你，其次不允许你在我洗漱的时候偷看！"Dr. 张迅速穿好靴子，走向厕所，临出卧室门还不忘敲敲罗伯特的脑门儿。"收到，Dr. 张。但请允许我再次提醒您，揉脸并不会让脸变得更柔软。"罗伯特走到床边，按下床头的一个小按钮，床头就伸出两条机械臂，自动地整理起了被褥。

切下一小块酥软的法式千层酥，放入口中，来不及分泌唾液，香甜的味道就已填满舌尖与牙缝。"酥软可口，没有好面可做不出来，这得感谢学自然学的老黄。"一脸享受的张博士说着，轻抿一小口卡布奇诺，任由浓浓的香味在口中激荡。"调出遗迹资料，罗伯特。""是。如您所知，博士，黄沙遗迹是目前保存最完好的前文明遗迹。由于'大玻璃罩'的原因，它完美保存了遗迹的气候形态，但也正因如此，进入遗迹考察才成了一件难事。遗迹内常年沙暴，无生命存在，能见度极低，所以请您小心行事。信息表明，遗迹内部有一栋已废弃的建筑物，根据形状及其构造分析，可能是前人类居住的地方。""而这就是我今天的目的地。既然是居住地，就应该有一些前人类居住的痕迹与证物。""正是如此，博士。啊，新私信，Dr. 黄说他马上到达遗迹入口。""他怎么那么快！他不吃饭的吗！"急忙吞下最后一口千层饼，张博士迅速地启动了飞行器。"一路顺风，博士，希望您不虚此行。"罗伯特手里拿着没刷的盘子，向张博士微鞠一躬。

黄沙遗迹内部。

"真不愧是黄沙遗迹啊，这里除了沙子还有什么呀。"张博士嘟囔道。是的，脚下的是沙土，眼前的是沙暴，头顶的是沙尘。没有别的颜色，只有黄，干裂的土地的黄，与身上厚重的防护服的黄，单调到窒息。"欸老黄，听说前人类在饿到极致时甚至会吃土，你早上出来这么早一定没吃饭吧，要不你试一下，这样咱俩都有了第一手资料。哎哟！"张博士右脚不小心踏进了地面的巨大沟壑，而黄博士的手更快地拉住了张博士。"小心脚下，小张，鬼知道这些沟有多深。"黄博士的声音从圆滚滚的头盔中传来。"好的好的,只是因为太没意思了嘛。不过,这里的土地的干裂程度如此惊人,难道是前人类的杰作?""不会吧,我宁可相信这是由于地壳运动而导致的地裂现象。毕竟,我可不敢相信我们的先祖会如此鼠目寸光,以至于榨干地下水资源。""啊,老黄,我们到了,废弃建筑。"正如其名,这栋楼居然废到没了楼的样子。不,在 26 世纪它压根儿就不能算是一栋楼,顶多是一间小屋,尽管它有明显的六层结构。"走,进屋?"张博士向黄博士问。"嗯,别乱扶墙,倒塌可能性不低。"

"屋里倒很宽敞,竟然连地板都裂开了。"张博士四处查看着,"啊!这是什么?一个红匣子!"张博士掏出激光小刀,小心翼翼地打开了匣子,取出了盒子里的东西拿了出来:"这个好像叫手机,是前人类的通信工具。嗯……啊,还有电,开了开了!""而且我记得它里面的图库是可以存储图片和视频的。"黄博士凑近来看着张博士手里的"发光金属块"。"唔,倒是的确有几张带有备注文字的图片,老黄你来看。"屏幕上的是一片金黄的麦田,田里站着一位咧嘴笑着的小伙子。阳光明媚,衬得麦穗更加金灿灿,却不比他脸上的笑更加明媚。下面的文字是:"这片田不仅很美,还是我生活的支柱。""真漂亮,难道前人类也有过可以做出千层饼的时代吗?"张博士想着,动动手指翻到了第二页。金黄变成了银白,那是一座巨大的工厂,无数机器正运作着。那个小伙子换上了一身天蓝色的工作服,冲镜头微笑着。下面写着:"田地没有了。即使工厂里没有麦子的香味,它也将成为我新的生活支柱。"而第三张图片就很可怕。背景的天空是昏黄的,土地开裂,许多钢铁管道顺着地面的裂缝伸入地里。这一次,小伙子已变成了一位中年大叔。他身上是西装革履,脸上却没有了笑。下面的文字变为:"资源紧缺,倒卖地下资源成了赚钱的行业。可这样做真的对吗,我不禁问自己。"

接下来是一段视频。视频开头便是巨大的轰隆声,并逐渐出现了图像。天空是诡异的黑色,大地在剧烈地颤抖,开裂,甚至下陷。是那个人,他将镜头对准了自己,说道:"这是地球的愤怒。为了发展经济,我们疯狂地压榨地球,这的确使我们获得了无尽的财富,可现在也只是陷入了'有钱没命花'的情境了吧。塌陷,开裂,这就是我们所获得的。灭世的灾难已然被我们亲手创造出来,而这一次我们不配拥有方舟……如果以后有人可能看得到我的视频,请一定记住,永远不要打破自然与人类间的格局!"视频戛然而止,随之而来的是一片死寂。"还真是……惊人的发现呢。"张博士缓缓说道,"却让人开心不起来啊。""我们至少要让所有人都听到这句话。"黄博士站起身来,坚定地看向张博士。

一个月后。

一篇震惊全科学界的论文发表,提出了"自然与人类发展相互约束,形成一定的格局,而发展只有建立在此格局上才有意义"的观点。它被载入史册,成为新地球社会持续稳定发展的重要基础。而它的署名有三个:Dr. 黄,Dr. 张,一位前人类。

惊鸿

挑战题目	同袍同泽	组别	高中
学校名称	唐山市第一中学	队名	惊鸿
队员姓名	余汶霏、王一润、邵润阳、马刘亦、刘彤、杨笑宇、高照阳		
辅导教师	丁妍		
团队口号	千秋无绝色，悦目是惊鸿。		

一、创新设计模块（50分）

1. 设计分析：

【人】：我们的团队由七个人组成，五女两男。身为队长的余汶霏不仅组织能力，规划能力强，而且极富艺术细胞，擅长绘画、钢琴、架子鼓等。这次的三幅设计图基本就由她一手操刀，是个认真负责的人。

而王一润则负责提供创意思路与建议，与此同时也负责创意故事的编写。她想象力丰富，有一定的文学功底和创新能力，会弹古筝，比较擅长电脑。

邵润阳作为仅有的两个男生之一，活泼开朗，是团队中的"开心果"，而且也经常奉献自己的劳动力，帮助团队中的女生们做一些杂活累活。他为故事等文字类的编写也提供了一定的建议与帮助，同时擅长吹葫芦丝。

另外的一个男生杨笑宇踏实稳重，人高马大，是我们暂定的"男模"，同时也为男装的设计提供了参考和建议，擅长唱歌。

与他同班的刘彤主要负责的是男装的设计，绘画能力强，而且擅长唱歌，是个人美心善好相处的小姐姐，在团队中也有着不可或缺的作用。

马刘亦沉稳温和，是海报的设计人之一。她擅长电子琴、吉他。与另外一位负责人一起为制作海报做出了极大的贡献。

而高照阳则是个热情有活力的女生，她对服装设计颇感兴趣，有时也会自己制作一些小玩意儿，相信除了在海报方面，将来更会为我们的服装制作提供助力。

【物】：根据主题，设计了三套服装，各有侧重。

（1）选材：服装大体采用环保低成本的棉纺布料，对两套女装添加了欧根纱，为传达出一种"轻盈""曼妙"的感觉。服装上都添加了中国风刺绣，符合当今年轻人中流行的古风热潮，但并非拘泥于传统方式，刺绣布贴更易制作、加工。在其中两套服装添加了羽毛作为配饰，正好呼应队名"惊鸿"。选材遵循环保、简约、来源广、操作易的特点。

（2）配色：服装都采用深红色作为主色，每套都有不同搭配创新，使颜色并不显得沉重，而更能体现"典雅"，两套女装配色为红、白，男装加有黑色，为使整体协调，装饰花纹也并没有添加过多颜色，尽量使整体看起来和谐统一。细节上有金色、灰色等颜色的点缀（裙子，袖口，布贴）。

续表

（3）款式及立意：第一套女装在整个系列中更显正式，采用旗袍的款式，在裙尾一侧添加欧根纱，袖口则用两色拼接，向内折叠，以形成多变的视觉效果，融合了现代流行元素和古风。第二套女装是上衣下裙，选材与一相似，款式更偏向现代风格，红色为底，有鹤、竹点缀的裙子主料更显青春风采。男装上装分两件，外套的搭配更具休闲风，体现生活中的实用性，黑白两色对比鲜明，袖口、领口的红色又能引人注目。相同元素为鹤、祥云、刺绣、羽毛、纱等，设计中更想体现出轻盈、典雅、融合的感觉，正巧与"惊鸿"相应。

【环境】：服装适穿春夏秋三季，生产成本低，样式新颖，面料舒适，生活休闲和正式场合皆可穿着。

2. 核心问题：

经队员内部交流后，我们发现缺少会制作服装，动手能力强的人，习惯了穿着成品，少有人亲手尝试过制作服装，这成了一个十分令我们头疼的问题。

3. 解决策略：

我们将七个人分为几个工作组，分别负责设计、采购，文字编写、海报，策划、学习、统筹安排。每组在完成组内工作同时，学习服装设计，制作服装等相关知识，为了体会服装效果，我们用旧衣服、碎布料尝试制作简单的小衣服、旧衣改造、添加装饰，锻炼动手能力，不懂的、不会的问题由大家一起交流解决，遇到困难时，向家长、老师寻求帮助。我们尝试制作出了"缩小版""精简版"的本系列服装，在实物效果和制作难易的基础上对设计稿进行修改，最终共同敲定设计图。整个过程中大家协商合作，一起共事，让我们对"同袍同泽"有了更深的感悟。

4. 创新要点：

添加的中国风刺绣采用布贴的方式，解决了制作过程中缝补困难的问题。设计过程中中西结合、古今贯通，多元化，有创新。在问题解决方面，我们充分利用网络资源，查阅书籍，参考大师的服装设计图，学习过程，汲取经验，询问有制作经验的人，利用旧衣服、碎布料来尝试制作样品，结合实际效果对设计图进行改动。在任务安排方面，分工明确，效率最大化，共同完成任务。

5. 设计效果图：

续表

二、人文设计——创意故事（30分）

生命因相拥而美丽

唐山市第一中学　惊鸿

天气渐凉，秋风又起，紧张的学习生活在不知不觉间加快了时间的脚步，突如其来的寒流扫荡了还未从夏日的温暖中反应过来的人们。随着年末即将到来，校园中的每个角落也显得忙碌了起来，到处都充斥着紧张而喜悦的气氛。

为了筹备不久之后元旦晚会的节目，作为主要策划人之一的小霏也特地召集了各个社团的代表召开了一次紧急会议。

小霏："此次晚会，大部分节目都已经敲定了，现在只剩下压轴节目还没有策划。相信大家也都清楚，按照学校惯例，压轴节目都是要几个社团联合演出的。所以这次召集大家来就是希望看看大家有没有什么好的建议和想法。"

小依："这次的主题是什么啊？肯定又跟合作有关系吧。"文学社的小依显然颇有经验。

小霏却摇了摇头："别提了，这次的主题是'美丽'。我正为此发愁呢。"

"美丽？这还不简单，就让声乐社舞蹈社他们上呗。"信息技术社的小宇心不在焉地嘀咕道。

舞蹈社的彤彤听了，却有些不乐意了，说："每年都是唱歌跳舞，没新意。"

小依："要不咱们这次弄个音乐剧或舞台剧什么的，怎么样？"

小霏："欸？这个想法不错，有点意思。"

一番激烈的讨论过后——

小霏："好了，那么大体就先这样定下来吧。所有参与这个压轴节目的人，明天同时间来礼堂排练！"

时间转眼就来到了第二天，所有的排练似乎都在有条不紊地进行着，终于，到了压轴节目的彩排了。

小霏拍了拍手，说道："所有人做好准备！《生命因相拥而美丽》第一次彩排马上就要开始了。我们的时间很紧张，每个人都给我打起十二分的精神来！"

就在这时，只见声乐社的阳阳火急火燎地跑了过来，气喘吁吁地说道："一个……一个不好的……不好的消息……本来定好的唱主角的那个人得了重感冒，嗓子哑了，现在在医院里赶不过来了。"

"什么？怎么会这样？没有她我们怎么合啊？"听到这个消息，小霏整个人如同遭受晴天霹雳一般。"不管了，先把她的戏份裁掉，不能耽误这次彩排。"

可是负责剧本的小依听了，却立刻摇了摇头说道："这可不行啊，剪掉她的戏份我们整场戏就串不起来了。"

台上的彤彤接口问道："找一个人替她不行吗？"

听了这话，大家都转头向阳阳投出了询问的眼神。

只见声乐社的阳阳面露难色，摇了摇头说道："这……恐怕不行啊。为了这次元旦晚会，我们社可以说是几乎全体出动。况且又是要担任压轴节目的主角这一重任，我们也实在是没有合适的人选了。"

这时，已经在控制室等候多时的小宇走了出来，有些不耐烦地问道："怎么回事啊？你们到底还开不开始？我都等了……"

还没等他发完牢骚，小依突然就开口打断了他："欸？小宇你会用电脑合成声音吗？就像洛天依那种电子歌姬那样的。"

小宇听了有些疑惑地说道："这么高科技的东西我可不会弄。"

小依却赶忙摇摇头解释道："不用不用，不必那么高级的。你就弄个能在大屏幕上播的动画，然后配个电子音就行，你懂我意思吗？"

小宇沉思了一会儿回答道："这样啊……这个我虽然不太会，不过我们社好像有人会搞这种东西。"

"真的吗？那太好了。咱们这个音乐剧有救啦！"

小依这才一脸喜色地跟大家解释了他的想法。

直到这时众人才反应了过来。小霏有些犹豫地问道："这能行吗？"

小依肯定地点了点头，说："没问题的，相信我，肯定会比之前的那版效果还要好。不就是'美丽'吗？这也是一种别样的美啊。"

彤彤听了也附和道："对啊对啊，而且这样多有创意啊，我觉得挺好的。"

"好吧，那也只能先这样了。"

"嘀嗒，嘀嗒……"伴随着钟表时针一刻不停地转动，元旦晚会也终于迎来了最后一次总彩。此时此刻，礼堂早已被精心布置，同学们也都牺牲了学习以外的大部分时间来准备道具。而对于最后的压轴节目，同学们更是自己设计服装，以求最好的效果。

舞台上，优美的乐声响起，曼妙的舞蹈加持，和谐的律动成就美丽的韵味。灯光闪烁间，大屏幕也随之亮起，电子人物和同学们的互动与配合令人惊喜，电音与歌喉的奇妙融合令人惊叹……

正当众人沉浸在这奇幻的音乐剧中时，最后一个镜头定格——主角与电子人物仿佛隔着屏幕相拥。

相遇，相拥，生命因此而美丽。

极焱

挑战题目	扶摇直上	组别	高中
学校名称	唐山市第一中学	队名	极焱
队员姓名	马泽林、李亚耕、金禹含、赵鑫玉、赵益瑶、王宇涵、梁伟达		
辅导教师	耿立志		
团队口号	心有焱起，身向极行。		

一、创新设计模块（50 分）

1. 设计分析：

【人】：

（1）马泽林

性格特点：宽容随和，认真勤勉。

能力：协调力，领导力，分析力，统筹力。

特长：写作，编程。

（2）李亚耕

性格特点：认真细致，乐于助人，踏实沉稳。

能力：理性分析能力，团队协作能力。

特长：跆拳道，羽毛球。

（3）金禹含

性格特点：富有极强的责任感，善于人际交往，是队里的活跃气氛小能手。

能力：善于分析状况处理突发情况，有较强的发散思维。

特长：笛子，写作。

（4）赵鑫玉

性格特点：有责任心，乐于助人，乐观开朗。

能力：较好的合作能力、创新能力。

特长：篮球、航模。

（5）赵益瑶

性格特点：活泼开朗，积极向上，热爱生活。

能力：绘图，细致的观察能力。

特长：绘画，写作。

（6）王宇涵

性格特点：踏实认真，吃苦耐劳。

能力：绘画能力，理性思维能力。

特长：绘画，羽毛球。

（7）梁伟达

性格特点：乐于助人，活泼开朗。

能力：细致的观察能力，理性思维能力。

特长：篮球，羽毛球。

【物】：

本组所设计的是火星表面遥感探测无人飞行器"七星"号。本飞行器的外形设计灵感来源于瓢虫仿生。整个外壳材料为钛镁合金，整体强度很强，供能方式为核能-太阳能混合燃料系统，动力系统为核电推进，由于"七星"号头部装有高精度遥感探测分析仪器，成本自然不菲。

【环境】：

火星上沙尘暴的风速每秒达到 180 多米，我们通常所说的 12 级台风，风速达到每秒 32.6 米，远不如火星沙尘暴强度，届时，太阳能电池阵发电量巨减，甚至可能破坏探测装置，同时，火星表面能见度急剧下降，不利于探测。太阳风也是"七星"号面临的重大威胁，由太阳耀斑造成的电离层突然扰动、太阳高能质子引起的极盖吸收和地磁暴中常伴的电离层暴，都会造成电离层结构和密度的不均匀，从而使得本该穿过的信号被反射回来，或是信号强度被大幅衰减乃至畸变，严重时造成通信中断。火星表面是低重力环境，推进系统可能无法适应，造成运行异常。

2. 核心问题：

（1）"七星"号本身的控制系统和探测系统需要繁忙的信号传输，而让"七星"号自身向地球发送信息，能量损耗过大。

（2）"七星"号设计了飞行和行走两种模式，以适应火星表面不同的探测需求，虫腿既承担探测功能又承担行走功能，强度与精度难以兼得。

（3）太阳能光电转换效率有限，且易受恶劣环境干扰，而核能主要用于推进，并非为仪器供电供热。

（4）着陆时"七星"号的推进系统产生的反冲力必须十分精确并随时可调，否则有坠毁的危险。

（5）正如现实中的瓢虫一样，遇到风暴或强外力作用"七星"号可能发生侧翻，且难以复原。

（6）太阳风在火星的剧烈程度远超地球，高能粒子流，易损坏各机件探头，造成仪器故障甚至造成停机。

（7）微波遥感探测精度较低，误差较大。

（8）"七星"号价格不菲，难以回收。

3. 解决策略：

（1）信号问题：发射中继卫星进行信号中继，这里甚至可以考虑无线微波供电的可能性。

续表

（2）仪器问题：将仪器装在"七星"号体内，将探头装在可伸缩钛合金杆上，虫腿做成内外双层结构，行走时将探杆收起。

（3）能源问题：在太阳能板上方加装透明防护板，此板基本不吸收光能，同时，"七星"号可通过翅膀反复开合振动来除去板上的浮尘，另一方面，可以利用核能发电产生的余热使机体保持正常运行温度。

（4）着陆问题：在主推进口附近加装副发动机，这种发动机专门用来改变推进方向，平时处于关闭状态以节能。

（5）侧翻问题：改变舱内结构，降低"七星"号重心，风暴来临时向"七星"号发出休眠指令。

（6）太阳风问题：在外壳与仪器之间加装一层屏蔽材料，并且为所有探头都留出舱内空间以便收回。

（7）遥感问题：用光谱遥感探测替代微波遥感探测，并调整飞行控制系统，使"七星"号在遥感探测时处于稳定低空飞行状态。

（8）成本问题：提高集成电路效率（如用金刚石薄膜电路板代替硅基电路板以提高散热能力）。

4. 创新要点：

本组设计的"七星"号的创新要点在于：将仿生学思想融入设计理念，核能与太阳能两种能量来源可以互补，探测功能与行走功能巧妙结合，并且将仪器集中缩小体积，体现了节约资源和空间的思想。另外，遥感探测本身属于高新技术，解决了探测信息来源不充分，常规分析手段误差大的问题。

5. 设计效果图：

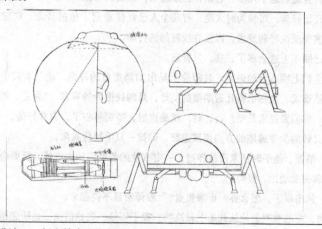

二、人文设计——创意故事（30分）

探索者的救赎

唐山市第一中学　极焱

已是深秋，朔风携着枯黄的落叶，一下一下地敲打着窗棂，发出寂寥到近乎悲凉的声响。

续表

天空显得很低，很阴沉，太阳只是偶尔地探一下头，转眼便又隐去了。于是，坐在桌边的人叹息着。

"冷，真冷啊。"

他决心不能再坐下去了，付了账，拿起帽子，一个黑色的细瘦身影走出了早点铺。可他该去哪儿呢？不知道。出来这么多天，身上的钱越来越少，茫然却越来越多，他甚至开始怀疑自己是不是做错了，但转念一想，又没错，错的不是他，至少不全是他。

他是在探索一种生活方式，一种摆脱依赖、独立自主的生活方式，这有什么可以被责备的呢？所以，他决心继续向前走着，尽管漫无目的。

一片叶落下，落在他的衣衫上，恰好与上面的图案重合，他将它捧在手中细细端详，发觉自己的处境其实不比它强多少。

风还在吹，是那种带着水气的凄寒。风中，一个探索者独自走着，孤独而决绝。

萧瑟的秋风携来几声缥缈的笛音，他逆风顺着笛声寻去，声音的所在之处竟是个公园。他走进去，这座公园可以说是他的老友了，小时候，关于它的记忆都是彩色的，满载欢声笑语。但今天，它所能献给他的，只有苦涩的沧桑罢了。

"高处没有鸟喉，没有花麝，我在一片冷冷的梦土上……"不知不觉地他梦呓般地呢喃。一如吟游诗人口中的童谣，神秘而迷茫，他听着乐曲，望着石子路出了神，石子是如此的苍白，一如他在实验室见过的火焰。

突然，他听到脚步声，沉稳、宏大、极富节奏的脚步声，那声音越发近了，他抬起头看向声音传来的方向，海蓝色的旗帜迎风飘扬，旗上黑白分明的图案，他是再熟悉不过的了。"坏了。"他暗叫一声，"怎么会这么巧，怎么会……"他叨咕着，感觉头脑一下子被各种想法挤满，不自觉地后退了几步。想跑，想藏起来，想张大嘴惊骇。躲，一定要躲过这一劫。

他立刻开始狂奔，可惜为时太晚，有几个人已经注意到了他的身影，窃窃私语迅速在队伍里发酵，演变成惊呼和疑虑，以及寻找教师的行动。

但，他已顾不上这么多了，逃，只管逃。

听罢学生们七嘴八舌的讲述，教师脸上显出如释重负的神色，他从衣袋中掏出手机拨通了电话，电话那端，是焦虑得几近崩溃的父母，是四处搜寻的警官。"是是，对，我刚看到他了，放心吧。你们要过来是吧？行，对，就是这里，嗯别担心了，我看好他，一会儿见。"说完这些，他又转向少年逃跑的方向正欲追赶，却被一只手拉住衣角。

"老师，稍等。他平时从来没这样过，一定有他的苦衷，您去追他，反而会让他继续错下去。让我试着去劝劝他，好吗？"

"那万一你出事了，怎么办？谁来负责？"教师明显不悦起来。

"但老师，您愿意看着他从此走上歧路吗？我了解他，我相信他，也请您相信我。"

教师犹豫了，但转念一想，自己去也不一定能劝服他，确实很有可能使他失控。而且，他们都是十六七岁的大小伙子了，二人关系一直很好，料也无妨。如是想着，教师还是点头同意了。

呼唤他名字的声音在公园里回荡。逃跑的人终于停下了步子，站定，颤抖着回头。事实上，那颗柔软的心已解除了武装。他知道这声音的出处，太知道了。

"你也是来斥责我的吗？"他向着来人大吼，"你也是我兄弟，你了解我，我又做错了什么？你凭什么审判我？你们凭什么审判我！我只是再也忍受不了了，他们横加干涉我的梦想，你们呢？你们冷嘲热讽我的灵魂！我是个探索者，我只是在探索一种真正的生活方式，我探索的是自由！自由你懂吗？！"

"我懂自由，"来人冷静地说，"我也珍视自由，但自由并不是随波逐流不是吗？你口口声声说自己在探索，没有方向的探索又有什么意义？做无头苍蝇吗？为了你所谓的探索，你离家出走，抛开课本，让多少人为你而焦虑落泪，又让多少人因你昼夜难眠！这就是你的探索？这就是你灵魂的崇高吗？醒醒吧！别再执迷不悟了。"

他沉默着，双手掩面，一寸寸地蹲下去，将脸埋进膝盖，声音有些发闷。

"我只是冷，太冷了，为什么没有一个人能理解我，我有那么恶劣吗？谁能给我一点支持？或是关心？没有人，没有人……"

"我给你，同学给你，老师也会给你，家人更会给你。和你过不去的绝非整个世界，是你自己呀。""呵，你们？你们会吗？"

"我向你发誓，会。来，把手给我。"

"怎么？"

"别忘了，今天的秋游，还远没结束呢。"

他背过身去不看来人，但最终，两只手还是紧紧握在了一起，风不知什么时候停了，云层散开，洒下细碎的温暖，阳光的碎金之下，篮球在空中划出一条美丽的弧线。

择遥

挑战题目	周游列国	组别	高中
学校名称	唐山市第一中学	队名	择遥
队员姓名	张凯文、张云齐、李汀奕、孙英杰、刘泉圣、陈雨欣、孙若涵		
辅导教师	李妍		
团队口号	立于传统，开创流行；一腔孤勇，砥砺前行。		

一、创新设计模块（50分）

1. 设计分析：

【人】：

（1）队长：

张凯文：活泼开朗，喜欢跑步，篮球，组织能力强，对 C 语言略知一二，擅长编程。

（2）队员：

张云齐：成熟稳重，喜欢钢琴，足球，书法，有较强团队精神，擅长电脑。

李汀奕：活泼热情，喜欢足球，篮球，钢琴，动手能力强，擅长拼装。

孙英杰：性格开朗，喜欢钢琴，足球，围棋，思维敏捷，擅长策划。

刘泉圣：沉着冷静，喜欢读书，书法，想象力丰富，空间感强，擅长设计。

陈雨欣：开朗大方，喜欢吉他，跳舞，写作，审美能力强，擅长写作。

孙若涵：乐观开朗，喜欢读书，摄影，唱歌，表达能力强，擅长宣传。

【物】：

（1）选材：考虑了乐高 EV3 机器人和 VEX 机器人。由于场地尺寸较小，最终选用乐高 EV3 机器人。乐高 EV3 机器人材料小巧，易于拼搭，连接紧凑，便于修改程序，同时成本较低。

（2）成本：EV3 控制器，两个大型电机，两个中型电机，各种传感器，零件，大约 2500 元，部分成员是乐高迷，为团队节省了大量资金。

（3）质量：销梁，轴之间连接紧凑，不易损坏，可以重复使用。EV3 机器人硬件参数：

①处理器：ARM9 处理器，300MH$_z$，基于 Linux 操作系统。

②输入端口：四个输入端口，1000/s 的采样率。

③输出端口：四个。

④屏幕：分辨率 178×128 像素，能更好地查看详细图形和传感器数据。

⑤电池：可使用六节 AA 电池，或者原装 2050 毫安的锂电池。

⑥拓展：通过 EV3 左侧的标准 USBCEV3 有两个 USB，一个 miniUSB 用于程序下载，一个标准 USB 用于拓展，可连接外部 Wi-Fi，蓝牙适配器等外部设备。

续表

【环境】

（1）自动执行任务模式：

①由于乐高 EV3 自身原因，机器人无法走绝对的直线，所以到后期累计误差较大。

②颜色传感器受光线强度影响较大，会导致颜色识别有问题，进而影响完成任务。

③陀螺仪传感器每次使用前都需要调零，校准，而且受陀螺仪传感器自身精密度影响，行走路线长了会有累计误差，影响后期任务完成。

（2）遥控完成任务模式：

①操控手自身的反应速度，操作产生的误差，会对完成任务产生影响。

②受到陀螺仪自身精度，使用前调零校准，累计误差等影响。

2. 核心问题：

（1）机器人的相关知识：团队成员都能够熟悉掌握机器人基础知识，其中一人掌握 C 语言，三人掌握模块化编程，大部分成员能熟练应用基础小车设计、齿轮传动、夹持结构等技术。

（2）人员分配：二人负责编程，二人负责设计基础小车，三人负责设计中型电机的机械臂和齿轮传动结构。

（3）核心问题：该场地不易巡线，无边框，所以几乎无法使用超声波传感器，触动传感器和导向轮。若使用陀螺仪传感器，受陀螺仪自身精度影响，误差较大。所以最好采用手动遥控方式。而手动遥控方式需要操作手反应灵敏和反复练习。

3. 解决策略：

（1）控制方法：最终选择遥控控制，通过编程来实现用手动操控机器人，使操控器与机器人进行蓝牙连接来控制机器人完成任务。

（2）机械臂设计：采用滑道，用中型电机来控制滑道坡度，使滑道宽度略大于 IC 礼物直径（控制滑道每次只能通过一个 IC 礼物，共放置五次）。

（3）操作练习：使机器人操作手在任务场地上反复练习，提高熟练度，减小误差。

4. 创新要点：

（1）反复对比滑道放置IC礼物和用电磁铁放置IC礼物后，由于电磁铁放置法对操作要求较高，所以使用中型电机控制滑道坡度使硬币自由滑下。

（2）利用了乐高EV3自动完成任务模式和搭建手柄控制的模式，在反复训练中仔细对比两种方法哪一种误差小，效率高。

（3）在模块化编程中采用数学二分法和逻辑推理法来发现问题，修改程序，在完成任务的同时产生思考，完善自身方案，培养严谨、仔细的品质，提高学习能力，体会机器人教育。

5. 设计效果图：

二、人文设计——创意故事（30分）

时光逆旅

唐山市第一中学　择遥

"欢迎来到时光体验馆，本馆目前不对外开放，是作为中华人民共和国成立70周年国庆献礼的，特选出三批社会各阶层代表来参观体验。大家是第一批被选中的体验者，希望大家在参观完毕后有所感悟和收获。"播音结束了，作为唐山一中优秀学生代表来参观的小择和小遥随着人流走进大厅。"这里可是我国第一家全面采用全息投影技术的体验馆，可以给人真实还原当时的场景，并根据你的动作、语言来灵活地安排下一步的情节发展。"小择兴奋地介绍，"这么厉害啊！那我们快走吧！"

他们首先选择了1号厅。一路上小择和小遥说说笑笑，不知不觉走进了山里面，一个中年男子背着小竹篓，低头俯身不断找着什么。小择和小遥快步跑过去，几番询问，原来他是炎帝。他的百姓正遭受着疾病折磨，他为他的百姓们寻找可以治疗疾病的草药。小择和小遥便自告奋勇，和他一同寻找。三人一路跋涉寻觅、走走停停，炎帝嘴里不断叨咕着什么，突然他向前跑去，拾起地上的一株草，放到嘴里嚼了几下，不住点头："对，对，就是这味药，终于找到了！"小择和小遥相视一笑，与炎帝告别，他俩不断讨论。"炎帝不愧被后人称为五帝之首啊！""对啊！这种勇于奉献的精神太值得我们学习了！"中华文明的历程自此开始，一路携着浪沙，卷着波涛，披荆斩棘向前奔去。

在喧嚣的车马声中，街上的男男女女都匆忙向前走去。这闹市里只有一人不慌不忙，手中拿着一壶酒。当他把这最后一滴酒滴入嘴中，还摇摇头，叨咕着："不够，不够……"转身便进了一家酒肆。小择和小遥跟了过去，那人嘴里念叨着："行路难啊行路难。""行路难？这莫不是李白？！"小择问道："你是李白吗？你遇到什么挫折了吗？""对！这不是官场失意，借酒消愁嘛！"说着，又深闷一口酒。酒入豪肠，七分酿成了月光，余下三分啸成了剑气。李白绣口一吐，这便半个盛唐。这不，一口酒刚下肚，李白情绪便又一扫刚才之颓废。"我不可以就此丧失斗志，我要重拾信心啊！长风破浪会有时，直挂云帆济沧海。"李白吟罢便放声大笑起来，他拿起酒壶出门，嘴里还吟诵着："仰天大笑出门去，我辈岂是蓬蒿人。"两个少年痴痴地望着李白离去的背影。"怪不得'李杜文章在，光焰万丈长'啊！"小择赞叹道。那盛唐史上的一朵青莲沐着太白山上的风雪，傲然绽放，为盛唐史上添了无数耀眼之花，而这繁花似锦又构成了中华文明的一部分……

再入下一个场馆，倏地大雪纷飞，风如同刀子般割在人的脸上，放眼望去，白茫茫的一片，远处一长串队伍正迎风冒雪，向前赶路。他们穿着单薄的衣服，衣服上还布满了补丁，脚上穿着破了洞的布鞋，每走不远距离就有人倒下。刹那天地间恢复寂静，一片祥和，一束灯光落下，一个老红军坐在轮椅上，缓缓来到场地中间，徐徐道来他们长征的故事。"那年，我们日夜赶路，条件艰难，爬雪山过草地，吃不饱穿不暖……现在不一样了，好日子来了！在场的各位小同学们，更要好好读书，报效国家啊！"小择感叹道："如果没有这些革命先烈不怕苦，不怕累的奋斗，哪有我们今天的好日子？这是长征精神，这是奋发向上的希望！""是啊，一代人有一代人的长征路，而我们也要走好我们这一代人的长征路！"中华文明的历史在向前不断推进，正是有这么多的英雄前仆后继，才得以使中华文明薪火相传。

大漠黄沙漫天，驼铃声声不断，一排排脚印重重地踩下，留下一个个印迹，可又很快被风沙吞噬消失于这天地中。大漠上的商队载着丝绸、香料、珠宝，更载着文化、友谊、财富、宗教。小择说道："千年来，丝绸之路推动着人类文明的进程，不同种族，不同信仰，不同文化背景的帝王、商人、学者、僧侣、奴隶来来往往于这条道路上。"小遥说："丝绸之路让中国的丝绸和文明风靡全球，罗马和波斯在路边缔造了各自的帝国；佛教、基督教和伊斯兰教沿着丝绸之路迅速崛起并传遍世界各地。丝绸之路的历史就是一部浓缩的世界史，它不仅塑造了人类的过去，更将主宰世界的未来啊！"小择默默嘀咕："说到世界的未来……"话音未落，画面一转，习近平主席访问东亚，"一带一路"的提出，"一带一路"国际合作高峰论坛的召开，一列列高铁载着"中国制造"，载着中华文明行驶在新丝绸之路上，海上一艘艘轮船载着新希望、新梦想起航。"当今的中国具有无限创造力和新希望，在国际合作中发挥着越来越重要的作用。如果星星能够带来希望，那么祖国一定是一颗白昼恒星。"小遥坚定地说。

小择和小遥走在回家的路上，他们的背后是夕阳余晖，可他们心中却亮着一盏不灭的明灯！

今年是新中国成立 70 周年，当初的开国大典上飞机不够，周总理说："飞机不够，那我们就飞两遍！"如今飞机再也不用飞两遍，当年送总理的十里长街也早已变成了十里繁荣。如今的中国山河犹在，国泰民安，中华文明经过数十年的文化积淀也正散发着蓬勃的生命力。中华文明也给了当今中国人强大的文化自信心与文化认同感。作为新一代的我们，更应发扬好中华文明，令其薪火相传，生生不息！

云龙

挑战题目	负重致远	组别	高中
学校名称	唐山市第一中学	队名	云龙
队员姓名	韩佟鑫、黄俊凯、李昊桐、韩屹欧、张藤懿、张开妍		
辅导教师	耿立志		
团队口号	重力弹力摩擦力处处给力！		

一、创新设计模块（50 分）

1. 设计分析：

【人】：

（1）韩佟鑫

性格：沉着冷静、果断干练，善于分析问题。

特长：机器人竞技，运动。

能力：动手能力及应变能力强，可以解决制作过程中突发问题。

（2）黄俊凯

性格：沉稳、沉着冷静，自信。

特长：机器人设计。

能力：电脑编程。

（3）李昊桐

性格：性格比较内向，深沉，喜欢自己想事情。

特长：编剧，表演。

能力：在表演、编剧等方面有天赋。

（4）韩屹欧

性格：开朗、乐观，积极向上。

特长：物理。

能力：视频制作。

（5）张藤懿

性格：儒雅随和。

特长：运动。

能力：学习能力。

（6）张开妍

性格：活泼、开朗、乐观。

特长：计算机、羽毛球、绘画。

能力：迅速搭建制作。

【物】：

(1) 选材：胶水、胶带、卡片、塑料管、IC 信纸、IC 彩页、木条。

(2) 质量：主要以木条为制作材料，质量较轻。

(3) 成本：生活中廉价易得的材料。

【环境】：

可能因为胶水没能将木条粘牢而松散。

2. 核心问题：

(1) 结构与斜面摩擦较小。

(2) 放置时不易保持水平。

(3) 木条使用过多容易超重。

(4) 结构承重能力可能较弱。

3. 解决策略：

(1) 将底面打磨至粗糙，以增大摩擦力。

(2) 利用重锤检验是否水平。

(3) 减少木条的使用。

(4) 运用物理知识找出最省力的位置和方向放置木条。

4. 创新要点：利用已学知识解决实际问题，充分利用现有材料，尽可能解决实际问题。

5. 设计效果图：

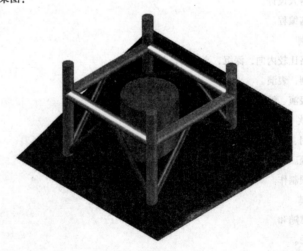

二、人文设计——创意故事（30 分）

人生的高度

唐山市第一中学　云龙

阿常仍旧在桌前努力着。

夜色笼罩下的小山村，静谧地注视着她睡去的子女们。隐隐约约，一点点橘色的灯光在黑暗中钻探出来——那是阿常的油灯。火苗懒洋洋地靠在灯芯上，给阿常红扑扑的脸映上了几分蜡黄。当然，他并不在意这些，他要做的只有看书、看书以及看书。妈妈说过，只有把这桌上的一大沓书都看完，他才能去城里念书。城里，那是阿常心心念念的地方啊！阿常曾想着城里的景象。山一样高的大楼，水一样长的公路，公路上面，小汽车和公交车像成群的蚂蚁一样挤过，行人来来往往，尽穿些五颜六色的衣服，最重要的是还有他从小就一直向往的火箭。

油灯灭了，屋里一下黑了起来，阿常挪开板凳。在黑暗中摸索着，尝试找到一根火柴。冷风把纸窗吹得沙沙直响，阿常的鼻涕流出来了，他急忙擦擦，又俯下身继续寻找着火柴。忽然，阿常猛地撞在了什么东西上，跟跄地倒在了地上。

"啊！"阿常惊呼着从床上坐了起来。闹钟已经响过三次，宿舍里静静的，只有阿常一个人。随着他逐渐变得清醒，一点又一点的回忆扑面而来：以优异的成绩被县一中录取，又以优异的成绩考进大学；结识了新的朋友，又组建了一支设计火箭的小组。一开始，大家都充满干劲。可是，由于经验不足，火箭设计失败了一次又一次，一个接一个组员退出了。最后只剩下了阿常和小优两人。

小优和阿常高中时便是同学了。和阿常不同，小优自小在县城长大，饿了有父母给送饭，冷了有父母给送衣服。小优的物理一直是年级第一，阿常第二，可小优的动手能力远比阿常差得多，每次实验操作都要阿常给他做好几遍，他才能学会。于是阿常和小优成了"最佳搭档"。

现在，这对搭档的友情正经历着考验：两个人的小组，花费的时间成本先不计，即便是购买原材料的资金也不太够。"我们的火箭真的还能升上天空吗？"阿常这样想着，走到了小组活动室前。屋子里空荡荡的，那些材料，图纸和工具不翼而飞。阿常急忙去找小优，小优垮着一张脸，独自坐在教室的座位上，窗外的天格外阴暗，阿常上气不接下气地冲进教室："小优……图纸和模型不见了！""哦，我把它们扔了。"小优冷冷地说。"什么？那可是大家的努力——""够了，"不知何处来的怒火冲垮了小优的理智，"你还觉得只靠我们两个能行吗？求你不要再做梦了！"说完便夺门而出，留下阿常一人呆呆地站在那儿。

"真的做不到吗？"阿常泄气地坐在地上，强忍着泪水。雨丝打在窗户上，每一滴雨似乎都在叹息。从模糊的眼眶中，阿常隐约地看到了一点点橘色的光。他想起了昨晚的梦，儿时的艰辛和奋斗历历在目，那时的自己有什么是完不成的呢？"是啊，有什么完不成的呢？"他喃喃道。他站起身来，朝着宿舍的方向一路小跑。

雨已小了，小优从浴室回到宿舍。他将自己丢在床上，顺手拿起枕边的书翻了两下，一张纸条飘落在他的脸上，他将纸条捡起，两行熟悉的字迹映入眼帘。

"小优，逃避不是借口。我一直相信你。落款：阿常。"雨停了，花瓣被雨水浸透，就如同小优的心那样，变得饱满而丰润起来了。

第二天，那些曾在小组中的同学，陆续地收到了纸条，上面或多或少地用同一种字迹写着几句话。毫无疑问，这些纸条也全部出自阿常之手。小组活动室的门打开了，一天又一天，越来越多的人回到了小组，甚至有了新的组员加入。研究每天都在进行着，没有人再退出过。

　　夜色笼罩的县城，被霓虹的光照耀着。在这霓虹的光下，屋子里的灯光显得暗淡了很多。阿常坐在桌前，笔和尺画着，量着，他要做的只有画图、画图还有画图。画好了图才能做零件。阿常曾想象过他们的火箭升空的样子，他从未像现在这样离梦想如此之近。阿常放下笔，揉揉酸疼的双手，又想起那天的梦。"小时候我也像这样努力过吧?"这样想着，阿常会心地笑了，手上的笔又拿起来了。

　　阿常仍旧在桌前努力着。

峥嵘

挑战题目	负重致远		组别	高中
学校名称	唐山市第一中学		队名	峥嵘
队员姓名	陆泽鹏、张涵逸、卢金正、陈桐垚、宋祎磊、代昊昕、韩成杰、王子博			
辅导教师	杨小平			
团队口号	未来已来，你来不来？			

一、创新设计模块（50 分）

1. 设计分析：

【人】：

（1）陆泽鹏

性格：乐观，开朗，遇事不慌。

特长：摄影，领导组织，钢琴。

能力：善于组织领导团队，心思缜密。

（2）张涵逸

性格：外向，友善，幽默。

特长：绘图，能言善辩。

能力：组织团队，为团队提供美术支持，鼓舞士气，起到调节作用。

（3）卢金正

性格：乐观，积极向上，沉稳。

特长：物理，音乐。

能力：空间想象力强，动手操作能力强，制作过程中的主心骨。

（4）陈桐垚

性格：含蓄，幽默，坚持不懈。

特长：歌唱，计算机，影片制作。

能力：几何思维卓越，善于利用电脑制作影片。

（5）宋祎磊

性格：低调，沉稳，耐心。

特长：短跑，足球，体育。

能力：动手能力强，在制作方面富有天赋。

（6）代昊昕

性格：冷静，内敛，低调。

特长：电竞，计算机。

能力：学习能力强，逻辑思维缜密，反应敏捷。

（7）韩成杰

性格：中二自信，思维活跃。

特长：受力分析，手工艺制作。

能力：结构设计，思维发散性强。

（8）王子博

性格：活泼，开朗，阳光。

特长：篮球，短跑，体育。

能力：反应敏捷，多才多艺。

【物】：

（1）选材：IC 资源包，桐木条，胶水，小刀，直尺，砂纸。

（2）成本：便宜，低廉，日常生活中简单易得的材料。

（3）质量：以木条为主，将连接处切除，减少木条数量，用砂纸摩擦，减小质量，使总体质量较轻。

【环境】：

（1）木条长期放在空气中容易吸收水分，增加质量。

（2）若温度变化较大，木条易折断。

（3）胶水因温度失效或未能及时固定，使结构崩塌。

2. 核心问题：

（1）大量使用木条做支撑可能导致结构超重。

（2）结构与斜坡接触面上摩擦力较小。

（3）安装过程如何保证立柱竖直。

（4）支柱与坡面的接触位置如何达到最大接触面积。

（5）设计结构图无人擅长，无法制作。

（6）科学知识水平有限，无法解决问题。

3. 解决策略：

（1）摩擦木条，切除不必要部分，最大限度减少木条质量。计划采取卯榫结构。通过拼插的方式增加作品承重能力，减小作品质量。

（2）将与地面接触的木条用小刀增加其表面粗糙程度，增大摩擦。

（3）通过计算，多次测量，将底部做成斜面，放置于斜面上成为平面。

（4）分工协作，将制作过程分成若干小目标，人人参与制作与设计，增强团队协作能力，共同完成目标。

（5）通过向学校专业老师学习，习得结构图设计能力，并成功设计出结构图。

（6）向学校物理、数学老师请教相关科学知识，通过阅读书籍，增加知识储备量。

4. 创新要点：

（1）设计并采用卯榫结构，充分发挥古代劳动人民智慧，将现代科学和古代科学结合。

最大限度地减少了作品的质量，并且增加了作品的承重能力。

（2）将立体几何思维和力学相结合，对材料的性能和特点进行分析，尽可能提高结构性能。

（3）有效利用现有资源，为达成整体目标多创造条件。

（4）将一个大目标分成小目标进行分工协作，最后共同完成大目标，体现负重致远精神。

5. 设计效果图：

二、人文设计——创意故事（30分）

变与不变

唐山市第一中学　峥嵘

那是很多年前的事了。

我叫小鹏，是一名生活普普通通的高中生，然而因为一个目标，我的生活不再普通。

我报名了国际青少年创新设计大赛。起初当辅导老师问我的目标时，我还很犹豫，但想想，既然报名就要有一个大目标，然后我就确立了：我要得一等奖。

定下目标便要努力去实现。

起初便遇到许多艰难险阻：比赛项目问题；队员问题，还有对个人能力的质疑……也曾想过放弃目标。

后来我遇到了我的队友们。

一天，我正在思考如何制作三维图，却被一阵清脆的响声吸引，垚垚拍着篮球走来。"小子，去打球吗？""不了，我报名了国际青少年创新设计大赛，正制作三维图呢。""哦，国际青少年创新设计大赛吗，有点意思，我也来试试。"正说着，一下坐在我身边，开始捣鼓我的电脑。没想到，这样一个五大三粗的男孩也玩得一手好电脑，三下五除二就把我研究半天的设计图做出了个草稿。"嗯，你这个目标有点大呀。""是啊，该咋办啊？""这样吧，我也参加，咱们一起搞定这个大目标。"一时间惊喜和惊讶充满我内心。好，向着大目标出发。

第二天，垚垚慌忙来找我。"走，我带你去见个人。"说着，他一把把我拽起带走。到了一个地方，只见一个男孩坐在长椅上，纤细的手弹着一把木吉他。"就是他，昊昕，这小子一定可以帮助咱们的。"我上前去打招呼："你好，你是昊昕吧，我叫小鹏，我呢，最近报名了国际青少年创新设计大赛，有些问题不太懂，你能帮帮我吗？""国际青少年创新设计大赛，那可不简单啊，我也不太会啥呀。""哎呀，昊昕啊，就你那个思维能力和动手能力，一定能帮到我们的。""好吧我试试。"

就这样，我的大目标被我们分成了三个小目标：首先，我负责继续招揽队员，每天去发发传单，成功招揽到晓磊，小逸和阿正，并且筹备大赛剩下的项目；垚垚呢，负责电脑制作设计图和搜索网络素材，曾经的篮球少年变成了电脑桌前的理科程序员；昊昕开始配合垚垚制作模型，从基础模型开始慢慢加工，并且带着新队员一起练习协作培养默契。他也听从了我的建议，如我们一样，将制作模型变成几个小目标，大家分工共同完成。

不过，我们也曾迷失方向：一方面，垚垚的设计制作遇到了瓶颈，无论如何修改也做不出我们想象的样子；另一方面，昊昕还和队员相处得不是很融洽。一个接一个的问题接踵而至，团队甚至争吵起来，我们甚至想过放弃比赛……

庆幸的是，团队达成了共识：既然已经立下目标，便全力以赴完成它。

垚垚开始去找学校里的信息老师寻求帮助，通过了一个星期的设计培训，现学现卖，在老师的帮助下不断删减修改，终于做出了满意的效果图；昊昕也开始着手根据效果图带领队员制作，并且与队员关系越来越好；我呢，则是负责辅助组织工作，遇到科学知识上的空白以后便去请教老师，请求老师的帮助，或是寻找书籍，解决我们所面临的问题。剩下的几名队员，也都拼尽全力，利用课余时间，大家坐在一起，谈论问题与解决方案，动手练习与制作。最后，我们通过讨论和研究，决定设计一个卯榫结构，通过翻阅书籍和查看卯榫结构建筑照片，商定制作方略，解决一系列问题。大家共同努力，一定会成功。

我们发现，我们的目标早已不是赢得大赛了，我们的目标是通过团队协作，培养自己的能力，做更好的自己。大家将大目标变成小目标，分工协作，完成一个个突破，向着一个个新的大目标前进。

奔赴赛场，我们信心满满。每个人也按照平日里训练的那样，分工合作，完成自己的小目标，有条不紊，大家一起完成了这个大目标。

我们的目标一直在改变。

心中的目标一直没变。

我们都在向着目标前进。

肩负着新的目标，向着更好的自己，进发。

未来已来，我们也来。

我们负重致远；我们砥砺前行。

端阳

挑战题目	登峰造极	组别	高中
学校名称	唐山市第一中学	队名	端阳
队员姓名	黄冠华、葛鑫华、李弪宇、刘宇飞、邓嘉宁、杨丰羽、马瑞源、王梓瑄		
辅导教师	潘尧		
团队口号	我们的征途星辰大海。		

一、创新设计模块（50分）

1. 设计分析：

【人】：

（1）队长：

黄冠华：乐观，善于思考，擅长计算机、物理，合作能力强。

（2）队员：

葛鑫华：敢于动手尝试，严谨稳重，擅长横笛、魔方。

李弪宇：爱好历史、相声，演讲能力、表达能力强。

刘宇飞：善于设计，遇困难不退缩，擅长计算机。

邓嘉宁：果断乐观，有责任心，爱好摄影。

杨丰羽：阳光向上，为人外向，擅长古筝。

马瑞源：可爱细心，观察能力强，擅长绘画。

王梓瑄：幽默风趣，爱好相声，擅长计算机编程。

【物】：

（1）小车材料用什么材质？

为减轻重量，我们决定使用塑料及木头，将小车底盘做成木头的，上面用塑料的来降低重心。前轮连杆等采用硬质铝，齿轮用塑料，重物下落固定物采用磁铁吸引方式。

（2）小车车轮是用连杆还是分着？

为使小车更稳定，我们决定采用连杆安装，并装上轴承减小摩擦。

【环境】：

小车行驶中可能遇到以下问题：

（1）小车后轮在安装过程中横轴无法与前部结构平行，造成小车无法沿直线行驶。

（2）小车重心过高，导致侧翻。

（3）随着小车速度增大，小车上的重物会摇摆，导致小车不稳定，可能发生偏离轨道现象。

2. 核心问题：

（1）小车框架结构是采用三轮还是四轮。

（2）小车的轮子尺寸，小车的框架尺寸。

（3）如何把轮子装在车上，怎么做到使摩擦力最小。

（4）如何设计动力系统。

（5）小车的外观设计。

3. 解决策略：

小车框架结构，采用四柱、四轮，左右两侧都用两个柱，呈梯形固定，顶部围成正方形，用田字格形式固定，下部为更大的正方形，用四根横木固定。前轮设计尽量简洁，后轮可以增大半径，减小与地面的摩擦。

小车不能过低导致动力不足，也不能过高导致重心不稳，查阅资料后整体尺寸选用60厘米×25厘米×18厘米，前后轮直径分别为8厘米和12厘米。

经过多次实验，选用四方木槽固定轴承方式，以此减小摩擦力。

采用能量二次利用，要求第一次能量转换率高，对发条要求较高，尽量减小重物下落时摇摆问题，下部用磁铁吸引方式，也可以加一个减速装置或固定装置使小车下落过程沿固定轨迹，避免摇晃。

在不影响小车正常运行下，尽量减小小车自身重量，并且考虑到外表美观。充分考虑选材成本，以及装饰材料的取舍。

4. 创新要点：

四轮都采用轴承连接，使小车所受阻力实现最小化，最大地利用动力前进最远的距离；小车结构简单，方便组装，轻便结实，符合大赛要求；小车结构分为多个部分，使每个同学都有机会参与到制作过程中，充分体现团队协作精神，领略团队魅力；在设计过程中，每个同学全力开动脑筋，动手作图，制作，进行多次实验，得到设计模型，体现了对科学的不断探索的精神，以及坚持不懈、精益求精的科学品质。

5. 设计效果图：

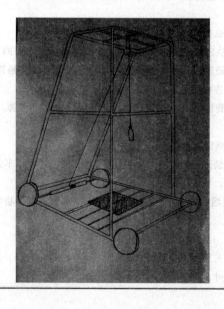

二、人文设计——创意故事（30分）

当下格局，顺者昌，逆者亡

唐山市第一中学 端阳

2120年6月5日，R星Z国，Dr. 黄打着哈欠走入实验室，实验室中的电视正在播放新闻："当今温室效应越发强烈，臭氧空洞越来越大，如何有效治理环境已经成为人类亟待解决的重要问题，就在昨天全球165个国家首脑会议已经将环境保护确立为当今格局的基本框架之一，所以，我们呼吁所有人……"哎，昨天晚上又忘了关灯了，下次一定要记得。Dr. 黄拍了拍自己锃亮的脑门自言自语说道，说着人已经来到了自己投入大半辈子精力的时光折跃门前。"哎，果然还是没有什么进……"话还没说完，时光折跃门的指针突然偏向了2500年。"嗯？难道是成功了？"Dr. 黄欣喜万分连忙拿出通信器将自己的几个组员——弜、华、飞、宁、羽、源、瑄叫了过来。几人商议后决定让羽和源留在实验室密切监视，其余六人进入时光折跃门到2500年探查。充能校准完毕后，一行人全副武装踏入折跃门，2500年的R星会发展到什么程度呢？Dr. 黄进入折跃门时这样想到。

"Dr. 黄听得见吗？"羽的声音传来，眼前的景象逐渐清晰，但入眼的却是满天黄沙。"Dr. 黄？"源的声音又一次传来。"听得见！"眼前的景象虽令人诧异，但Dr. 黄迅速反应了过来。"定位我们现在的坐标，影像你应该也看到了，有些不对劲。""好。""那我们先向前走走吧，也许能找到些什么。"华提议道。一行人走了大概半小时，沿途一片荒凉与死寂，天空貌似都是黑色。这时，飞打破了沉默："你们有没有觉得呼吸困难而且皮肤有些刺痛？""紫外线太强了，先找个地方休息吧！"宁说道。"看，那是什么？"弜发现了远处一个高大的物体，一行人跑过去后发现是一块被严重侵蚀的路标，上面隐约可见两个大字：B市。"难道这里是？"话音未落，通信器里传来了羽的声音："你们现在的坐标就是Z国的B市。""什么？怎么会变成这样？""Dr. 黄先别急，向东10km就是市中心，你们去看看吧。""走！"Dr. 黄一声令下，带着疑问向市中心出发。

随着不断地前进，周围的废墟也多了起来，上面风沙侵蚀酸雨侵蚀的痕迹触目惊心。瑄走上前去敲门。"有人吗？""什么人为什么这个时候还在地表上？"门后传来一个低沉的声音，接着门打开了一条缝，一个高大的守卫走了出来。"你好，我们是来考察的，想见见市长。"Dr. 黄连忙答道。"有身份证明吗？""有！"守卫接过华递来的一行人的证明。"2120年，四百年前的？你们是时光旅行者？""对！""那行，"守卫的表情缓和了许多，"我带你们去见市长。"一行人在守卫的带领下进入地下城市，直接走进了市政府。"市长，有几个时光旅行者想见您。""让他们进来吧。"推开门，一个正在处理文件的中年男子抬起头来。"不知几位从古代来到这里的目的是？""实不相瞒，我们研发出了时光折跃门，只是在进行测试，顺便来探索一下未来的世界。但，"Dr. 黄停顿了一下，"我们在来这里的路上发现这里的环境与2120年大相径庭，所以我们临时起意考察一下环境。"市长略一沉吟："好，正好我们也搞不清楚这是为什么，那就麻烦几位帮个忙。""没问题。"一行人爽快地答应了。

几个人利用现有的材料制作了一些简单的仪器后回到了地表，测出几项数值后，飞和瑄便利用微型计算机开始了飞速运算，不一会儿，飞计算出了一个令人难以置信的结果。"首先我声明一点，我俩用了多种算法，所以结果不可能出错，大气二氧化碳浓度已经达到 800 多 ppm，而臭氧已经低至 50 多 ppm。""这……"每个人都被飞的计算结果深深震惊。"我们要不要去看看人们的生活？"宁说道。回到地下，到处转了转之后，宁拿出刚绘制的表格，"车辆尾气排放量极高，还有工厂的烟囱中排放的废气也是各种超标，就好像完全没有经过处理就排放了，现代机械化生产几乎已经用不到人类，因此人类越来越好吃懒做，坐享其成，丝毫没有环境保护意识，不良的生活方式酿成了这样的后果。"

Dr. 黄将情况和市长说明后，市长难以理解地问道："环保是什么？"众人都不敢相信自己的耳朵，正当大家想和市长说些什么的时候，眼前突然一黑。"啊，你们的折跃门能量耗尽了，希望你们回去之后能改变现状，不要让我们的悲剧重演……"市长的话回荡在几人的耳边，当他们从黑暗中闪现出来时，眼前已是那熟悉的实验室。"这不应该啊，我给折跃门充的能源能撑至少三天的。"瑄的声音响起。瑞解答了他的问题："我仔细检查过了，折跃门的一个程序编写出了问题，使原本只是穿梭时光的折跃门误打误撞穿梭了空间，所以耗能才会这么快，另外根据时空学家 J 的理论，你们应该是来到了一个与当今格局完全相悖的平行宇宙中，所以那里的人们没有环保的概念。""这样啊，马上召开会议，华，临走前记得把灯关上。"Dr. 黄快步走出实验室。

讨论了一整夜后，Dr. 黄在清晨看着新闻重播，若有所思。

一周后，一篇名为《当下格局，逆者必亡》的论文发表在最权威的科学杂志上，这是一篇被载入史册的论文，它使全球的人们认识到保护环境，是重大格局，不应该仅仅是一句空话，现实已经向我们怒吼，失败的例子就摆在前方，我们唯有顺应当下格局，唯有保护环境低碳生活这一条出路。在当今格局下顺者昌，逆者亡。

谦知

挑战题目	登峰造极	组别	高中
学校名称	唐山市第一中学	队名	谦知
队员姓名	徐漠涵、李一磊、刘昌鑫、倪子昂、张友良、李昭妍、代恬悦		
辅导教师	崔建红		
团队口号	探真求实，格物致知。		

一、创新设计模块（50分）

1. 设计分析：

【人】：徐漠涵：是队里的主心骨，有超强的组织能力和判断力，爱好羽毛球。

李一磊：乐观向上，是队里的开心果，有超强的动手能力，爱好篮球、羽毛球。

刘昌鑫：认真严谨，是队里的文学家，有超强的思考能力，严肃而不失活泼，爱好阅读。

倪子昂：聪明机敏，是队里的理论者，有超强的规划能力，爱好阅读、游戏。

张友良：思维敏捷，是队里的数学家，有超强的计算能力，爱好游戏。

李昭妍：积极向上，是队里的梦想家，有超强的动手能力，爱好阅读、绘画。

代恬悦：积极进取，是队里的梦想家，有超强的动手能力，爱好独处、思考。

【物】：

（1）设计原则：利用较少的成本材料做出精细的作品，作品需要简单明了，组装便捷，结构灵巧，尽量减少受摩擦及其他阻力，以使小车稳步前进。

（2）考虑因素：便于现场组装。

【环境】：

小车运动中可能出现的问题：

（1）重力的影响可能导致小车运动距离降低或方向偏移。

（2）现场材料与理论不符。

2. 核心问题：

（1）如何解决理论计算与实际情况不一致。

（2）如何使摩擦阻力最小。

3. 解决策略：

（1）提高重物重力及高度并保持小车整体平衡。

（2）减少轮数及接触面积。

4. 创新要点：

　　四轮都采用轴承连接，使小车行驶过程中遇到的阻力最小；同时小车结构简单，组装方便，使用材料少，便于小组成员通力合作。小车整体设计模块化，体现团队分头并进的精神，体现了勇于创新、追逐梦想、登峰造极的精神。

5. 设计效果图：

二、人文设计——创意故事（30分）

格局如缕

唐山市第一中学　谦知

"它将飞抵火星，我们的宇航员将下舱行走，收集土壤……"台上的女性正在发言，"它的任务的成功完成将开拓人类与太阳系关系的新格局，这也是它的名字'格局号'的含义！"手势的变换已经无法表达她的兴奋，最后一个字落下后，半晌，雷鸣般的掌声填满了大堂的金属外壳。

一小时后，在轻轨的候车区里。"刚才讲得好棒！"浏博士对张博士说。"哼哼，那倒没什么，这种应付差事的演讲多来几次就熟悉了。但两个月后要发射飞船送人着陆火星这一点，可就真令我太兴奋了！""你还是和以前一样"浏博士抿嘴笑了。

驶出负14层的停车场后，视线通透许多。"呼，好好聊聊吧，刚才在轻轨上好挤，还好

续表

闷，都懒得说话。"张把早起梳好的繁复发型放下来。"嗯音乐放点什么？接着放早上的《内战》吗？""不了不了，今天我心情好，想听点明快的。就《环岛》吧。""好。"

"一想到咱们将来能去火星上生活就好激动啊，这可是想想就让人心潮澎湃的数千年未有之格局大变啊！"涉及她喜欢的话题，张博士开始滔滔不绝。"嗯哼，那今天中午吃点什么？"浏把空调调低了些，今天环路上车很少，路边的针叶林为景色增添了几分清凉，也润泽了午间的空气。"烤鸭吧，我好久没吃过了。""依你，我打开导航了。"浏把脸贴近麦克风，轻轻念了烤鸭店的名字，自动驾驶便锁定了方向。

用完餐后，两人回到居所。"你不洗个澡吗？这三天放假打算去哪儿逛逛？"浏把帽子挂上，"啊，不了，我的假期已经结束。哦……别露出那种表情，两个月后我们的历史就要翻开新的一页了。我难道不应该接着工作吗？"张博士从一堆塞满的文件夹里抬起头。

"好吧，那随你。"

晚上，浏给张博士煮了一杯咖啡，叮嘱早点休息后就去睡。她侧躺着，计算着今天张博士连续工作了几小时。

之后张博士还是被浏拉了出去，沿着海岸线自驾游。

椰子树的海岸从两人视线中掠过，海水如同熔化的宝石，拍打海岸，带来许多碎石。

浏把油门松开一些，往后仰头："张博士，你还在工作吗？"坐在后座的学者捧着平板电脑整理数据。

"是的。"

"这里风景不错，不是吗？"

"是的。"

"我们在这里住一晚上吗？明天来看日出。"

"不了。"

一次假期就这样不尽兴地结束了。张博士期待的工作日终于来了，她把自己关进个人的办公室后就再没出来。中午浏博士路过时，听到里面还是没有动静，要不给她把饭带来吧，她想。张博士把饭提过来时，门上多了张告示。

"本人正在工作，为了'格局号'的成功，饮食已经自备，请不要打扰。"浏博士这才想起来，张博士今天早上是抱着几桶泡面进去的，办公室有饮水机、卫生间和卧室。和其他研究员交流信息用电脑就可以了。

那打扫卫生怎么办？浏博士又想。

下班时，浏博士瞟了一眼储备室里的飞船，它和两个月后要载人那一款是同一个型号，"格局号"。三个星期后它就要试飞了，如果它能成功，那两个月后也就没什么问题了。

浏倒在床上。"看来我得适应吃早餐和晚餐时少一个人了。"她想。

虽然做好了心理准备，但第二天起来时多做了一人份的早餐还是很不舒服，没办法，只好倒掉了，浏望着餐桌另一侧空荡荡的椅子。

今天上班，浏博士听同事说，张博士和卫生人员产生矛盾了。张博士趁着凌晨想出来放放风，把门虚掩上了，打扫卫生的大姨看到了，就进来帮她扫了一下地，张博士回来时大姨刚扫完，两人碰上了，然后就产生了矛盾。叙述这事的同事推了推眼镜："该说点什么，走火入魔吗？"

浏听完了，皱了皱眉头，叹了一口气。

今天是试射飞船的日子，飞船在半空出了故障，坠了下来，所幸里面没有人，也没有砸中海面上的任何东西。但我也很难想象张在看到她这三周的成果冒着黑烟坠在海里时是什么表情，绝对是无比痛苦的吧，听他们说当天她都是被抬着离开发射中心的。浏博士这天在日记里这样写。

不过张博士也终于回家住了，现在她应该还趴在房间里哭，门锁得死死的，不想让任何人进来，尽管这栋宅子里只有她和我两个人。

那我也应该把这三周想说的话和她说了吧。写到这里，浏放下了笔。

咚，咚咚。敲了一次门，没人应。两次，三次。

终于，门打开了。"怎么了？"面前人拖着哭脸抬头质问浏。"嗯……"看她穿的还是中午回来时那一套工作服没有换，够保暖的，浏就把她拉了出来，两人来到了阁楼里。

"喂，你还没有回答我呢，浏。"

"嗯，请张博士自己看一下，"浏指着闹市里的车水马龙，商贩在和顾客聊天，交警在和司机交涉，"是不是忽略了我们所处的一些格局呢，张博士？行星绕着太阳转，这是格局，人类把自己的生存领地扩展到火星，这也是格局。"她顿了顿，"我们日常生活中人和人之间温暖的一线一缕，也是一种格局啊，我们的社会，国家，生存空间，也正是在一条条温暖的线之上建立起来的。""嗯，对。"张博士擦了擦泪，"那张博士把自己关在办公室里不出来，不就是脱离了我们最基本的格局去追求更高的格局了吗？没有底盘，再去追求高处就不太现实了吧。"浏歪头笑了笑。"啊，你说得对。"张点了点头。

"这次试射出问题的事，我问了主管了，他说是发射台那里的问题，和张博士负责的舱体部分没有关系哦，您已经做得很好啦。下次再试射，不会有任何问题了。"

"这次放假我要出去，去上次那里，我要看日出。"张立刻接了上来。

"行了，那我现在想和爸妈和朋友聊聊，我有一年没见过他们，半年没打过全息电话了。这就当作重入'格局'了。"张顺着小梯子爬下阁楼。

夜里浏去厨房准备明天早餐的原料，是两人份的。她听到张在房间里和父母和朋友聊天的声音，她又和之前产生摩擦的大姨道了歉。湿答答的声音被温暖的泪水浸润。

那这就好了，浏对着四个鸡蛋笑了，打在碗里的蛋黄颜色好像日出。

进取

挑战题目	登峰造极	组别	高中
学校名称	唐山市第一中学	队名	进取
队员姓名	张宸玮、刘译泽、岳冲、马骁宇、刘朔、何烨晨、赵逸轩、史卓琦		
辅导教师	杨小平		
团队口号	锐意进取，厚积薄发，追求卓越。		

一、创新设计模块（70 分）

1. 设计分析：

【人】：

（1）队长：

张宸玮：喜好读书、擅长书法，勤于思考，合作能力与组织能力较强，有责任心，做事踏实沉稳。

（2）队员：

刘译泽：较强的逻辑思维能力，对事情认真负责，有很强的责任心和团队意识；自信、乐观，具有一定的创新意识。

岳冲：善良团结，有责任心，喜爱足球、钢琴十级，动手能力强，独立思考，善于创新。

马骁宇：勤于思考，热爱研究，善于设计，动手能力强。

刘朔：勤奋善良，敢于动手尝试，有责任心，遇困难不退缩。

何烨晨：积极阳光，团结友爱，善于思考，动手能力强。

赵逸轩：阳光自信，善于合作，有责任心，表达能力强。

史卓琦：基础知识丰富，善于思考，成绩优异，表达能力强。

【物】：

（1）设计原则：在满足小车外轮廓尺寸的条件下，力求能量转换的高效性，主要从小车自重和摩擦阻力两方面下功夫。在小车自重方面，力求整车结构简单，便于组装的同时，也保证车身重量尽量低。在摩擦阻力方面，力求减少车轮与地面、转轴与车体之间的摩擦力，确保重量块下落的势能少损失以转化为动能。

（2）考虑因素：车身质量和摩擦阻力。

车身采用框架结构，在保证车身强度的同时，尽量减少车身总体重量，车身多处采用三角形结构，更加稳定。

车体与转动轴之间采用轴承连接，能够有效减少滚动阻力。

后轮为主动轮，前轮为从动轮。重物下落的势能通过连接线转递到主动轮上，考虑到后轮主轴直径较小，因此将主动轮直径也调整较小，方便重力滑块作用。前轮直径较大，起到稳定方向作用。

为保证车辆重心更加稳定，重力滑块通过定滑轮安装在车体框架上。

【环境】：

小车行驶中可能遇到以下问题：

（1）小车车轮安装过程中如果不能保证垂直于车轴，则容易造成车辆行驶跑偏。

（2）车辆后轮与线绳连接，重力滑块降到最下面的时候，线绳不能脱离后轮轴，则造成后轮自动刹车，影响车辆行进。

（3）车轮安装不结实，小车多次运动会出现车轮掉落的问题。

2. 核心问题：

（1）小车框架结构是采用三轮还是四轮。

（2）小车的轮子尺寸，小车的框架尺寸。

（3）如何把轮子装在车上，怎么做到使摩擦力最小。

3. 解决策略：

（1）小车采用框架结构，通过增加三角形结构，提高了整体结构强度。车身整体上为四柱、四轮结构。车身上部安装定滑轮，通过线绳将重力滑块与后轮轴相连，保证滑块降落的势能转换率。

（2）小车不能太高也不能太低，查询资料后整体尺寸选用 55 厘米×22 厘米×15 厘米，前后轮直径分别为 7 厘米和 10 厘米。

（3）查资料后选用四方木槽固定轴承的方法，这样动轮转动时可以使摩擦力最小。

4. 创新要点：

在势能与动能转化方面，力求高效，通过定滑轮和线绳连接重力滑块；在车身结构上，力求稳定，结实，采用了三角形框架；在减小车轮阻力方面，车轮断面采用半圆形设计，尽量减少车轮与实验道路的接触面积。小车整体设计模块化，体现团队分头并进的精神，体现了勇于创新、追逐梦想、登峰造极的精神。

5. 设计效果图：

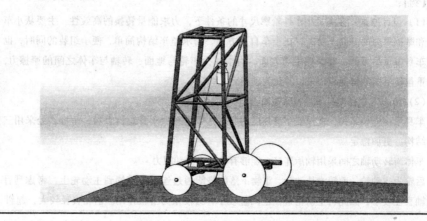

润

挑战题目	登峰造极	组别	高中
学校名称	唐山市第一中学	队名	润
队员姓名	董悦涵、闫迈兮、郑博予、明鑫宇、黄继儒、杨一航、常涵祺、袁子彧		
辅导教师	宋立国		
团队口号	抟风舞润，踔厉奋发。		

一、创新设计模块（70分）

1. 设计分析：

【人】：

（1）队长：

董悦涵：大气沉稳，积极向上，勇于探索，持之以恒！

（2）队员：

闫迈兮：擅长乐器美术，动手能力强，勤于思考勇于创新，意志坚强，具有很好的团队合作精神。

郑博予：较强的集体责任感，团结同学，尊重师长，积极探索，迎难而上！

黄继儒：性格开朗、稳重、有活力，待人热情、真诚。喜欢思考，有进取心，有较强的组织能力。

常涵祺：幽默开朗，热心善良，兴趣广泛，有较强的动手能力和团队协作精神。

明鑫宇：活泼爱笑、精力旺盛、思想新潮，有获得成功的坚定决心。

袁子彧：随和、脚踏实地，内在与外表一样，严谨稳重是对自己最好的概括。

杨一航：活泼开朗口才好，为人实诚善良，善于思考，合作能力强，勇于迎难而上！

【物】：

（1）设计原则：在满足设计要求的条件下，整车在保证车身结构的稳定情况下，结构力求简单，便于组装。尽量采用更少的材料，减小小车自重和行驶阻力，以便小车行驶更远。

（2）考虑因素：便于现场搭建；小车质量小压力小，摩擦力小，轮轴滚动阻力小；受力平均，稳定性好；实现最大的重力势能，减少能量损耗；爬坡前物块落到车上，拖拽绳自动脱落，整车重心不再变化。

考虑物块下降时可能将小车底座结构破坏，采用三木条三角形布局并增加缓冲吸能层。多层木条能够确保结构稳定但车架变复杂、现场组装难度大，故舍弃。这种三角形布局兼顾了结构稳定和现场组装的工作难度。

车架和轮轴的连接方式上，前后轮大小、转速不一致，前轮作为被动轮，所以采用了轮轴和车架直接连接；后轮作为驱动轮，在物块下降时驱动小车前进，轮轴随物块落下转动，所以采用轴承固定，轮轴转动。考虑到后车轴过细力矩过小，绳子拉动会出现问题，所以在轮轴和绳子结合部位包裹其他材料。轮轴上绕线要均匀，减少卡绳带来的阻力；轮轴绕线部分要增加一个自动脱钩装置，在物块落到车上时绳子自动脱离轮轴，不能阻碍车辆行驶。

车架大体结构上采用四边形结构，并在中上部位加固一圈木条。这种结构稳定性虽不是最好，但能较为容易地安装车轮且能为物块提供更大的支撑力。

两个定滑轮分别在上框架的前后横梁上，保证小车重心略靠前、垂直拉动绕线轮。

【环境】：

1. 小车行驶中可能遇到以下问题：

（1）车轮在安装过程中无法保证前后平行，造成小车跑偏。

（2）小车重心过高，导致侧翻。

（3）绕线轮缠线打结，导致无法前进或动力损失。

（4）物块不能平稳地落在小车上。

2. 核心问题：

（1）小车框架结构是采用三轮还是四轮。

（2）小车的轮子尺寸，小车的框架尺寸。

（3）如何把轮子装在车上，怎么做到使摩擦力最小。

（4）如何修正车辆跑偏。

3. 解决策略：

（1）小车框架结构，采用四柱、四轮，上部口字形加一根梁形成三角形结构，更稳定；口字框架前后横梁固定定滑轮，在四柱上用横杆加固。

（2）小车不能太高也不能太低，整体尺寸选用 25 厘米×20 厘米×55 厘米，前后轮直径分别为 7 厘米和 10 厘米。

（3）选用四方木槽固定轴承的方法，这样驱动轮转动时可以使摩擦力最小。

（4）尽量提高设计精度、较少装配误差，试车确定好偏角，比赛前提前修正。

4. 创新要点：

四轮都采用轴承连接，使小车行驶过程中遇到的阻力最小，同时小车结构简单，组装方便，使用材料少，便于小组成员通力合作。小车整体设计成模块化，最后整装，体现团队分头并进的精神，体现了勇于创新、追逐梦想、登峰造极的精神。

续表

5. 设计效果图

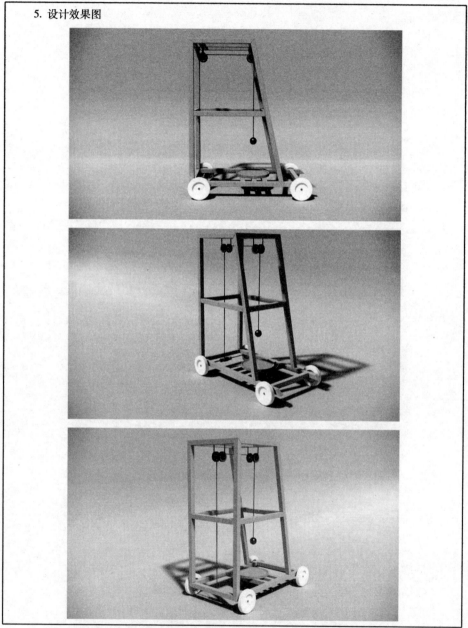

第二篇

02

心得随想

唐一展志翔穹宇，日旭京城豪气存

——唐山一中展志队顾雨潇参加 2017IC 比赛感悟

顾雨潇

水木清华，钟灵毓秀，自强不息，厚德载物。儿时的梦想，少年的向往，终于得以实现。清华大学，我来了！作为 2017 国际青少年创新设计大赛创业项目中国区复赛晋级选手，四天北京之行，收获颇丰。知识的盛宴、头脑的风暴；观念的嬗变、灵魂的荡涤；增长知识、提升能力……说什么都不过分，一句话，震撼！

学术大师，兴业之士，教我育我，终生难忘。穿梭于二校间，欣赏着湖光秀丽，遍寻《荷塘月色》的踪迹，感受时代的沧桑巨变。其中，真正让我提神醒脑、为之震撼的是清华大学"自强不息，厚德载物"的校训，是"行胜于言，行成于思"的校风。而来自北京大学专家学者的谆谆教诲和智慧点拨，也让我们感受到了大师们胸襟的博大，眼界的开阔，有教无类、爱生如子的大爱无疆！至今无法忘记教授所言："中国这五十年的发展用'翻天覆地'来形容确实有些夸张，但让我们十分自豪是足够的。"过去的几十年来，中国在摸索中曲折前行，如潜龙在渊，而今我东方巨龙腾飞而起，足以让世界惊叹。我，又怎能不骄傲自豪？

　　骐骥一跃，不能十步；驽马十驾，功在不舍。唐山一中展志团队是唯一一个全部由高一学生组成的参赛队伍。面对高年级学长的学识渊博和侃侃而谈，面对陌生的模拟企业管理系统"Bizsim"，面对线性规划、最小二乘法等高二才可能会接触的知识盲点，起初的懵懂无知、手忙脚乱搞得团队六名成员一度透不过气来，大家情绪低落、茫然无措，有的人甚至吃不下、睡不着。但是，不服输不放弃是我们"唐一人"的品格。在带队老师的鼓励下，我们大喊团队口号，"展志展志，大展宏图，志在高远，主宰人生，精彩无限"。每一个成员面红耳赤，情绪激动，没有人推脱，没有人懈怠，大家互相帮助，互相鼓励。从拿到案例后的心灰意懒，到审时度势，冷静分析，最后跃跃欲试，信心满满，其间有分析过程的迷茫争论，有深夜挑灯的共同努力。一份执着、一份冷静、一份踏实、一份激情、一份坚持、一份智慧，当六个人六种力量汇聚在一起，便成为我们一路走来的力量源泉，我们第一次领悟到团队间的合作和鼓励可以迸发出如此大的活力。我们有着不同的过往，却有着同样的方向，那就是——坚持！

　　金戈铁马，攀峰闯关，独辟蹊径，力拔头筹。比赛围绕着模拟企业经营实务展开，从市场决策、运输决策、生产决策到人力与采购和财务决策，从新手

训练营的基础规则学习到人机对话的实战演练，从入门的不熟悉到后来的渐入佳境，其间理论知识和思维能力便是助我们一步步循序渐进的阶梯。在实操中我们既要考虑每个市场、每种产品的单项指标，又要考虑部门、市场之间的紧密联系和协调配合。商界如战场，虽然没有血雨腥风、金戈铁马，却一样的残酷、激烈和充满变数。在最后一天的比赛中展志队曾一度比分落后，到了最后市场决策环节，面对市场、产品种类多，无法面面俱到的情况，我们审时度势，大胆假设，小心求证，冒险地放弃了投入较高但是单件利润也高的产品，选择小本厚利，用高销量和低成本取得优势，以求生产效率最大化。最终险中求胜，拔得头筹，以总分第一名的成绩获得一等奖。IC（国际青少年创新设计大赛）的核心就是创新，创新是思维碰撞的火花，我们将其中最灿烂、最闪亮的一朵升华、洗练，凝结在作品之中呈现出来。

一纸墨香记流年，两肩风雨笑沉吟。唐一学子，凌云展志，初生牛犊，敢为人先。IC大赛虽然已经接近征途的终点，可对于我们这些年轻人，人生的征程才刚刚开始。虽然路途艰辛、目标很远，但我们相信——学海无涯，我们将一路向前！

不放弃终将成功

唐山一中 追光者队　高一8班　杨欣然

2018年3月31日，我与校内的同学一起参加了世界青少年创新大赛中国区复赛，我们小组参与的是I项目：文化类—周游列国—智能机器人。前期经过重重的准备，我们队通过初赛的筛选，有机会赴北京参加复赛。比赛过程令我感慨颇深，三天的北京之旅，给我带来了很大的启发和触动。

我们的比赛项目：智能机器人，是需要人工操控机器人，在一张有赛道的地图上完成"周游各国"，并派送礼物即投币的任务。队内成员分别承担指挥、使者、答辩、媒体发布及拍照记录等任务。一开始，我们队是抱着见见世面，积极参加高中活动的心情去的，但是在比赛前一天到了现场，看到各队紧张练习的场面，我们也被一种紧张的气氛感染了。当时我们的机器人走完赛道一共需要两分钟时间，但我们了解到与我们同一个项目的同校小组只用四十秒就能完成，心里一下紧张起来。比赛前一天晚上的训练场面让我记忆犹新，队内每个人都认真完成自己的任务，加紧训练。当时我负责计时，看着队员指挥或操作失误，心都一块儿跟着紧张起来。每次训练，我们都会互相提出操作过程中的失误并且加以分析，争取在下一次训练中加以改正。那天晚上我们训练到了十一点多，并在回酒店后在楼梯里悄声训练，总结在比赛中需要注意的事项。当时每个人都很疲倦，但是心里却洋溢着一种为团队而战的幸福感。

　　第二天一早，我们队去观摩了另一组的操作。他们的时间很稳当，在很多地方都很有创意。因此我们队在很多方面也进行了提升，再加上在比赛前高效率的训练，竟然在最后把速度提升到了一分三十秒，并且能准确地让机器人把货币投到指定位置，这使我们士气大振。

　　比赛当天十点左右，在充满着紧张与激动的气氛中，我们开始了比赛。在比赛中我们稳定好心态，将自己的能力发挥到最好，最终获得了该项目二等奖的好成绩，并荣获了全国"十佳人气海报奖"。

　　在这次比赛中，我们每个人都收获到了很多：意识到了团队的重要性，更懂得了合作与共赢。我们团队还需要完善，需要提升，也应该更注重细节，希望在下次比赛中能做到更好。

成功需要付出

唐山一中高一 16 班 郭子跃

从 2017 年 10 月 16 日到 2018 年 4 月 1 日，历时五个半月，我和其他六名同学结成聚力队参加了 2018 年 IC 国际青少年科技创新大赛。从初赛选拔通过到复赛紧张准备，从 3 月 31 日的复赛激烈角逐、精彩发挥，到 4 月 1 日喜获一等奖第一名，手捧金灿灿的奖杯，我内心无比激动和自豪，也感慨万端。

一、集思广益、创新设计，初赛通关

2017 年 10 月中下旬，我们开始组队、选题，完成初赛申报。由于我们七名选手都喜欢物理，故而确定选择"周游列国—智能机器人"这一赛题。根据孔子周游列国的故事和机器人要完成"一带一路"五个国家的投币任务，围绕"协同"的主题，我们给队伍命名为"聚力"，口号为"凝心聚力、构筑未来"，故事取名为"丝途新语"，大家一起构思故事的主要人物和主要情节，取得编写一个"穿越"故事的共识。创意故事主要由我来执笔创作：汉代的张骞穿越至现代，与科技英才小聚和他的机器人小力再走丝绸路。故事创作得到了大家的认可。其间，我们不仅重温了中国历史，也了解了世界地理、历史文化。

为了完成项目设计方案，我们走近智能机器人，了解它的历史和发展以及未来趋势；确定设计原则和设计方案；学会用电脑绘制复杂图形；围绕主题设计精美海报，这些都凝结着我们的智慧，也凸显着我们的创新品格。

二、各司其职，精彩演出，精巧设计

经过网上严格的初赛选拔，我们顺利进入复赛，迎来新的任务——将故事改编成剧本，拍成五到七分钟的微电影。说来容易，做来难。七名队员分别担任了适合自己的角色，我作为导演、编剧，以及演员扮演主要人物小聚。舞台设计，服装准备，背诵台词，一次次修正，一次次拍摄剪辑，我悟到：团结就是力量，细节决定成败，成功需要付出。

复赛准备中，机器人的设计和练习操作是我们的重头戏。我带领队员网上购买材料，绘制图纸，动手设计。由两驱车到四驱车，由小齿轮带大齿轮到大齿轮带小齿轮再到同尺寸齿轮带动，由履带传送投币到抽屉推拉投币，不断设计，不断推翻，不断改进，我们的小小机器人终于诞生。

比赛前辛苦训练，一次次愉快合作、一场场深刻讨论、一遍遍创新尝试，那其中的心血汗水只有我们自己知道。

三、机敏应对、完美发挥，收获硕果

3月31日，比赛前两小时，我们进行人员分工调整。队友们机敏应对，毫不慌乱。机器人比赛现场，我临时担任使者，即兴发挥，进行机器人投币过程的解说。机器人操作手精神集中，从容控制，小车又快又稳完成任务。答辩环节，队友沉稳大气、流利回答，博得评委老师的频频称赞。我队以绝对优势获得本项目一等奖第一名。

胸带精美的奖牌，手捧沉甸甸、金灿灿的奖杯和"十佳影片设计"的奖牌，我心潮澎湃，"世间自有公道，付出总有回报"，这样的歌声在我耳边回荡。

国际青少年创新设计大赛秉承"创新驱动发展、人才引领未来"的宗旨，致力于培养青少年自主能力、协同能力、探究能力、实践能力、创新能力和人文素养。大会所秉承的理念，正好与唐山一中以提升学生的自主能力的"森林"教育理念不谋而合。学校努力把握好素质教育和升学指导的平衡，在不断提高教学效果的同时，开展了丰富多彩的校园选修课活动，有无人机操控、机器人设计、京剧、书法等为不同特长的学生提供充分的成长空间和展示平台，彰显个性，彰显特长，促进学生的全面发展、个性发展和长远发展。经过本次比赛，我们在创新思维与实践技能方面得到了很好的锻炼。

参加这次比赛，我学会了研究，丰富了见识，增长了信心，有一种说不出的成就感，它是我人生中一次美好的经历，它将在今后的学习生活中深深地影响我。

在此感谢同学们的通力合作，感谢家长的大力支持，更感谢杨小平老师的热心指导。

2018 年 4 月

初心不忘，永不散场

聚力队　张一鸣

参加完全国 IC 大赛，正在归途，边翻照片边浅浅地笑，这次出行真的带给了我很多回忆，我体会到了创新的快乐，也体会到了团队的力量。

这次成绩不错，拿到了全国一等奖中的第一名，有努力就有回报，回想起之前大家一次次一起练习、一起研究的时光，我都觉得不负此行。

经过这次比赛，我才发觉队员之间的关系从未有过这样近。聚力队，我们是一个团队，一个真正的团队。每个人都在自己负责的方面努力着，前进着，都在为团队付出自己的力量，不为什么，就是为了团队荣誉。比赛前几小时，我们突然发现自己人员安排与要求不符合——我们以为是一个宣讲、两个答辩，其实是两个答辩中包括一个宣讲——原来负责答辩的成员马上就把他的位子主动让给了那位宣讲的成员，并细心地指导，告诉她评委可能问的问题和解答方法，即使他已经准备了一段时间，但紧要关头，为了团队，他选择让步。当我发现我的入场牌丢了时，大家没有埋怨，没有放弃，而是帮我寻找，有人和我一起搜寻地面，有人询问老师解决方法，有人帮我借到了出场牌，并到前台借曲别针来代替胶水防止牌袋"分家"。

当我们参加比赛，发现其他组的使者都在报地名时，我队的使者随机应变，在现场短短几分钟之内就自己编出一套话，毫不怯场，出色发挥，并告诉我队控制小车的人："待会儿如果我没赶上你车的速度，不要等我，你就往前开就行了。"也就是这样，我队才有现场清晰的讲解。两位答辩的同学更是表现出色，大大方方，语言得体，随机应变，征服评委。最应该提起的还是我们指挥和操作的成员，他们两位本来都是我队的种子选手，成绩不相上下，各有千秋，一个投笔稳，一个行驶速度快。他们在家里勤于练习，并互相交流经验，取长补短，互助互赢，但最后担任指挥的同学主动让贤，将重担交给了最后操作的同学。在比赛时，指挥者认真，操作者不负众望，发挥稳定，甚至有点超常，成功在三十秒左右完成，是我队取得成功最大的功臣，如果没有他的出色表现，我们定不会取得如此好的成绩！在这里真心地感谢他。在他一开始，评委就小声说了句："这个快啊！"在操作完成驶离跑道时，评委更忍不住鼓掌。要知道，智能机器人一共六个队，我队是唯一赢得评委掌声的！当然，我队负责新媒体发布（也就是我）和摄像的成员也表现出色，下场时，我的笑容就自然地露了出来，我们聚力队，表现得真好！

比完赛的我们心情愉悦，大家一起商量着到外面吃了一顿饭，饭桌上大家有说有笑，气氛很好，大家一起举杯庆祝，我被气氛深深感染，拿起手机，咔嚓，记录下了这永恒的一刻。饭后，我们队成员一起去旁边的建筑物爬坡，并跑下来。大家在一起，才不怕什么逆风，才不怕什么高度，大家凝聚在一起，各司所职，更不怕什么挑战。

那天晚上，比赛的成绩终于出来了，我队成员兴奋地在 QQ 群里发着语音："一等奖第一，第一，赶紧看成绩！"这回，大家心里的石头才算真正放下了。这回还担心什么，开始嗨吧！我队甚至有成员说要庆祝一个通宵！

颁奖典礼上，我们拿到奖杯和金牌，开心地留影纪念。不过，我们组还获得了一个意想不到的奖项——十佳影片设计奖！我想，最高兴最难忘的也就是那一刻吧，我们手捧奖杯和金牌，开心地笑着。

这次的比赛，在我看来，最重要的不是成绩，而是收获到的经验、快乐和友谊。聚力队，初心不忘，永不散场。

一切均在情理中

无碳小车　凌云队　高一四班　刘雨暄

　　历时半年，从金秋到隆冬再到暖春，经过层层比拼的我们终于来到北京参加 IC 大赛的复赛。

　　3 月 31 日下午，斗志满怀的追梦赤子从学校启程，一路欢歌笑语，不禁让我想起了小学时去春游的种种。但是大家心中并不轻松，复赛在即，无形的压力笼罩着大家，我们既兴奋不已又有一丝丝的忧虑，既万分期待又有些许的畏惧……这真是种复杂的情感。就这样，经过三个半小时的车程，我们终于来到了比赛地——温都水城。

　　匆匆吃过晚饭，我们七个人便聚到一起为完善第二天的作战计划，进行最后的冲刺。最忙活的莫过于负责制作的四人了——杨灏，赵远征，韩文硕，唐铭骏，不仅在仔细地核对明天上场后的每一步流程和每个人的分工，他们还抽出时间来帮我们负责测试的三人——纪嘉禾，朱江忆和我练习给小车缠线。大家都收起了往日的嬉笑，每一个人都把百分之百的精力投入手头的工作上，每个人脸上那种全神贯注的神情，深深地印在我的心里，那一瞬成为永恒……

　　时间很快，制作四人组进入赛场，开始制作。而我们测试三人组由于上午没有任务，便开始"考察"周边地形。我们惊喜地发现了一家规模很大的超市，然后我们就开始进行疯狂的"扫荡"，准备迎接他们四人的凯旋。可能是购物购得太过尽兴，制作四人组出来之后，我们还在超市里，说好的迎接也就随之泡汤了……不过，据制作四人组说，他们上午的制作很顺利，甚至提前完成了，可以说是首战告捷。

　　经过短暂的休整，我们测试三人组来到比赛现场候场，由于我们队顺序比较靠前，所以我们很快进入到比赛场地。小平老师也紧张地跟了过来，细致地给我们讲述前面比赛队伍的经验教训……此时我心跳加快，手心不断地出汗，有些紧张，更多的却是小激动，终于到我们为团队出力的时刻了！！！很快，主持人就通知轮到我们调试小车了，我们几个连忙取回小车，开始给小车缠线，由于我过于慌乱，在缠线的过程中竟然好几次都让细线从滑轮处脱落，每次让细线重回原位的过程也并不顺利，心中不禁充满了愧疚感……尽管过程并不顺利，所幸，我们还是在最后关头缠好了细线。

上场了，我们小心翼翼地把小车放在赛道起点处，评委老师测量重锤离地面高度后，我们轻轻放手。小车开动啦！小车冲上斜坡啦！！！第一次的成绩感觉还可以，我们很快缠线，准备进行第二次尝试，在缠线的过程中，我们三个人配合得十分默契，并无先前的慌乱。待评委老师再次确认后，我们放开小车，进行第二次的尝试。不想意外发生了，小车才走了几十厘米就翻了……我们所有人脸上都写满了遗憾……走出赛场，我们队的气氛异常压抑，愧疚、自责包围了我们。不过我们可不是那么容易被打倒的！！！过去的事情再怎样也于事无补，经过自我安慰，我们很快又恢复了往日的欢声笑语，"尬聊""尬歌"样样不少……

接着，我们在晚上听取了中国科学院院士刘嘉麒的讲座，收获颇丰，也很受鼓舞。

经过了一天的折腾，我真的是身心俱疲，在准备睡觉的时候，突然听见朱江忆说："成绩出来了！！！"我连忙拿起手机查看：无碳小车——唐山一中凌云队———一等奖！！！刚刚的疲倦一扫而空，现在则是满心的激动！我们做到了！我们终于做到了！！！我定了定神，仔细想想，其实这一切也在情理之中，无数次的小组会议，无数次的练习，无数次的改进，换来这样的结果，在某种程度上来说，是理所应当的。正所谓一分耕耘一分收获，没有人能随随便便成功……这一天，就在我们小组群激动的庆祝中结束……

次日的颁奖典礼，各路人马都收获颇丰。不过最令人期待的，还是由我唐一学子表演的"唐一三分钟"，他们的准备时间不过一个礼拜，却能排练出这样惊艳的效果，实属不易，为他们点赞！！！

至此，我的 IC 之行拉下帷幕。一路走来，有感动，也有争吵；有嬉笑，也有严肃……我所收获的不仅仅是一等奖，更是一份人生中绝无仅有的难忘经历和一份真挚永恒的团队情……

不忘初心　继续前进

石卜文

七色光团队参加第五届国际青少年创新设计（IC）大赛，从初赛申报、复赛准备、小车方案设计、小车不断试制和调试，三轮小车到四轮小车，直到小车顺利行走和爬坡，其间经历了汗水、忙碌与挑战，收获了由失败走向成功的宝贵经验，我们的思想也逐渐成熟。无碳小车的比赛中，各式各样不同格局的小车使我们眼界大开，同时也让我们看到了自身的不足，也更加牢记习近平总书记的"不忘初心，继续前进"的教诲，在学习和实践中不断成长。

首先，方案的设计是一个艰辛、漫长的过程，而这一过程，是我们不断成长、不断进步、不断走向成熟的收获之路。卓尔不凡的优秀格局是小车设计的核心，实现无碳小车的登峰造极是我们要达到的终极目标。虽然先前也曾看到过往届比赛的实况片段，但每一届均有其独特的制作要求，相似却不相同。我们团队群策群力，根据给定的材料和具体要求，快速应对，使小车能够在平稳运行的前提下，最大限度减少了小车的质量，终于以最短时间确定了最佳制作方案。

其次，小车的组装制作，既是对个人动手能力的一种检验，更是对团队配合默契程度的一种考验。一件成功的作品，源于集体的智慧。在小车加工制作过程中，我们不但要快速掌握下刀技巧，更要保证每个人的人身安全，避免被裁纸刀划伤；胶水对桐木条的粘接更充满着无限挑战，胶水用得过多，接口处不容易快速牢固黏合，胶水用得过少，接口处容易脱落，若一不小心将胶水滴入轴承内套几滴，则小车制作完成后行走将变得异常困难。轴承和车轮的良好固定存在一定的技巧，大家在制作中更是小心谨慎，实施精准分工操作，让擅长手工的同学发挥其特长。组装过程困难重重，看似几根简简单单的桐木条，不同的组装方式将决定小车的格局，也决定了小车的制作最终能否成功。因此，车体重心的成功选择成了小车组装中的重中之重，此项工作由一位能够统领全局的核心队员实施精细化操作，其余队员辅助配合。在制作过程中，虽然都是纯手工操作，很是辛苦，但正因如此，大家的物理专业知识在实践锻炼中又提升了一个高度，既锻炼了我们的团队合作能力，也锻炼了我们的实际动手操作能力。通过不断地调整结构、改进格局，让我们明白：在一定程度上，精准定位、牢固粘接、把握重心、格局创新、减少质量将直接影响到小车的性能好坏，同时也让我们明白了动手组装对我们专业的实践性有着重要的指导作用。

在此，我要深深地感谢学校给我们这次挑战自我的机会，深深地感谢指导我们的各位老师。

因为有队员的合作、鼓励和支持，老师们的关心和指导，通过这次竞赛我们学会了坚持不懈，敢于自主创新，敢于向经典和传统挑战。我们学到了更多知识，认识了更多新朋友，这段日子的回忆将会伴我们一生。

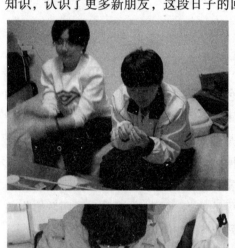

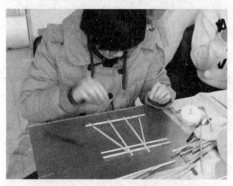

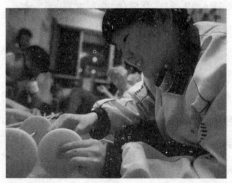

小荷才露尖尖角

——IC 国际青少年科技创新大赛后感

七色光　王希仑

　　"实践出真知"，在 3 月 31 日举办的"2018 年暨第五届 IC 中国区复赛"中，我们在杨小平老师的指导下，在七色光全体组员的合作下，用自己的行动诠释了这句话，最终取得了无碳小车项目复赛二等奖的成绩。

　　面对成绩，我们有欣喜，可更多的是遗憾。我们没有发挥出正常水平，与一等奖失之交臂。但当我真正静下心来回顾几个月来的坚持和努力时，我发现其实过程对于我们来说才是更宝贵的财富。它是任何荣誉都无法比拟的。参加这次大赛，不仅培养了我的动手能力、设计能力，更让我感受到了团队协作的重要性，并让我学会了面对失败依然要勇于坚持方能迈向成功的道理。

　　理论与实践总是有一定差距的。当我们真正动手制作并测试小车的时候，我才明白了成功真的不是一蹴而就的，而是要靠不断地积累经验，不断地努力才能越来越接近。三个月前，我们开始为大赛做准备。为了让小车从外观到性能都达到最佳效果，我们努力学习相关知识，并把我们的思路运用到小车设计中。不过设计仅仅是个开始，真正制作起来，才发现事情远没有我们想象中那么简单。小车爬坡的性能并不稳定，小车重心也不好控制。就这样，我们不断调整实验。过程中有过沮丧，也有过因些许的成就而欢呼雀跃。正是这一点一滴的进步，才使得我们最终将我们的成果展现在大赛上。然而比赛中，我们却没有发挥出正常水平，比赛时的紧张、赛制规则的变化等没有预想到的困难都影响到我们的正常发挥。自以为准备得很充分，然而最终结果并不是圆满的。

　　我反思许久。想想如果我们成功了，可能我只顾着欢喜不会再去想这个过程是什么样的，我们哪里做得不够好，哪里还可以更好一些。一个人最可怕的是不敢面对自己，不敢承认失败。我想我真的长大了，我能坦然接受失败，也会去反思失败和成功都因何而来，它们带给我什么启示。良好的开端才是成功的基石，任何设计都不是空想。只有精益求精才能突破自我。一把尺子，量的人不同，量出的距离也会不同。

我渐渐懂了妈妈说的那句话："你人生中所有的奋斗过程都是比赛时的赛道，唯有走得远才是最关键的，而你的努力程度决定了在这条赛道上你能跑多远。"人生是一场比赛，听起来残酷，其实它很公平，在这场比赛中父母的爱与叮咛、老师的谆谆教导都是我一生最宝贵的财富。

睿智鹏程，达高志远

——IC 参赛感悟

挑战 E——登峰造极无碳小车　睿达队　李子琦

随着 IC 大赛的结束，六个月来的汗水、泪水和喜悦都成为过去，但在活动过程中还有许多经验和教训值得总结和吸取。

无碳小车，将重力势能转化为动能，驱动小车向前行驶做功。在制作小车的过程中，我们遇到了重重困难：加速度太小无法爬坡；重心不稳造成小车后翻；重锤落位靠前导致刹车；比赛前一周临时调整，限制材料用量。但是我们全体成员经过查资料，定性、定量分析与计算，通过调节力矩比，制作榫卯拼插结构，以及设计三位平行变换重心卡槽，驱动轮使用中轮，简化小车，去掉没有必要的部件，在车轮上贴纸牌增加摩擦力，终于通过了重重考验。

参赛前夜组委会突然对人员安排进行了变动，我们在确认信息后进行了广泛的讨论，在分歧较大、未能协商出统一意见的情况下，通过集体表决的方式确定人选，对制作组和测试组人员进行了微调，以保证在比赛时能正常发挥，随后进行有条不紊的准备磨合。

在小车的制作过程中，在得知赛道加长、赛道摩擦系数降低时，我们通过改变驱动轴和驱动轮的直径比，延长了小车的加速距离，并通过调整重锤的位置，避免前期准备过程中小车后翻的问题再次发生。

在这次 IC 大赛上，我经历了很多，也感悟了很多。变则通，不变则亡。我学会了变通，当规则在变，时代在变，如果墨守成规，就只能走向灭亡，只有不畏失败，不断改变，不断创新才有可能获得成功。同时我还学会了不放弃，如我们在制作失利的情况下，仍不放弃，回到酒店，利用自带材料重新制作了一辆无碳小车，让测试组进行调试，并准备下午的宣讲和答辩。

感谢唐山一中和 IC 组委会给我们这次进步和展示自我的机会。

睿智鹏程，达高志远。

苦心人，天不负

挑战 E——登峰造极无碳小车　睿达队　王一伊

　　有志者，事竟成，破釜沉舟，百二秦关终属楚；苦心人，天不负，卧薪尝胆，三千越甲可吞吴。结束了历时两天的 IC 创新大赛，我们睿达队取得了全国一等奖的成绩，也算是如愿以偿了。初闻这个消息，回想起近两个月的忙碌准备，我们感慨颇多，所谓"天道酬勤"正是如此，一分耕耘总会有一分收获。

　　刚开始准备这场比赛时，我们一个个信心满满，认为凭我们的能力做一个小车根本不在话下，但当我们着手制作第一个小车时，却发现并非如此，于是我们开始尝试去驾驭木条和胶水，开始尝试把我们从课本中学到的各种理论知识用于实际。

　　我们也曾遇到重重困难：加速度太小无法爬坡，重心不稳造成小车后翻，甚至在比赛前两天又出现重锤落位靠前导致刹车的问题。面对这些问题，我们全体队员热烈讨论，认真钻研，大胆尝试，勇于创新，持之以恒，当队员意见不一致时，我们努力协调矛盾，坚持"实践出真知"，反复测试，使小车达到最优状态。通过调节力矩比，制作榫卯拼插结构，以及三位平行变换重心卡槽，终于通过了重重考验。

　　此外，由于没有仔细阅读比赛规则，我们在比赛前一周才得知木条数量的限制、在比赛前一天才知道人员安排的要求，这些问题完全打乱了我们之前的计划，使原本胸有成竹准备应战的我们又陷入了混乱。晚上我们七个队员在房间召开紧急会议，终于在深夜重新敲定了分工安排，不过仍然导致制作和测试中频频出错，与我们练习时的最好成绩相差很多。工欲善其事，必先利其器。不管是学习、生活甚至是以后的工作中，都需要"审题"，读懂规则，遵守规则，急而不乱，方能成功。

　　参加这次活动，原本只是因为兴趣，但这次活动对我的影响远不止此，我不仅提高了动手能力，学会了临危不乱，还懂得了活学活用、知行合一，最重要的是，我们懂得了团队协作的力量：也许一个人能走得很快，但是一群人才能走得更远。

正如我们的影片里所说：美丽中国，有我。这绝不只是一句空话，在环境污染形势严峻的今天，我们每个人都应当为建设美丽中国出一份力，而这次的无碳小车仅仅是一个起点，我们在平时也要保持一颗以天下为己任的心，生活处处可以创新，我们也能改变世界。

胜利需要困难的洗礼

挑战 E 登峰造极——无碳小车　　　睿达队　徐航宇

2018 年 4 月 1 日，我们结束了第五届国际青少年创新大赛的北京复赛。首先感谢唐山一中杨老师和其他队伍给予我们的帮助，没有你们的支持我们难有这样的成绩，更无法收获经验教训激励我们继续前进。这距离我们刚开始准备参赛已经有八个月了。这个过程中我们有过争执，有过犹豫，有过困惑，有过失望，但是这都是我们增长经验的旅途，是我们磨炼意志的征程，也是我们走向成功的必经之路。没有困难的洗礼永远不能到达胜利的彼岸。

我们的无碳小车研发过程十分曲折。第一代小车是我们用全新工具和材料，在五个人的努力下用五个半小时的时间做成的，然而它在平地上都无法顺利启动。第二代小车重锤摆动导致遇坡向前倾倒。第三代小车木棍卡在地面无法前进。经历了三次失败，我们终于在第四次制作时在规定的 100 分钟内由四个人完成制作，小车跑出了 190 厘米的好成绩。信心大增，渐入佳境的我们已经逐渐形成了分工，一切也在有条不紊地向前发展。

然而，突如其来的消息使我们再一次经历了迷茫。新赛制中有对材料数量的限制，而我们之前练习时使用的材料都大大超过了限制。面对小车底盘骨架的改动，我们尝试做出一些改变。然而，这次命运并没有站在我们这边。面对倒塌的骨架，凝重的气氛中只剩下轻轻的叹息。而距离比赛时间越来越近，我们手头能够制作小车的材料也不多了。

材料短缺和场地限制着实成了严峻的问题。但问题都是可以解决的。在学校，我们充分利用课余时间对小车进行改造和调试，用手头仅有的材料甚至前几代车身上拆下来的部件改造新小车。经过了多次换人尝试后，小车的改造终于成功了，小车也曾到达过 205 厘米的高度。我们越做越熟练，几乎能在 60 分钟左右便能完成工作。同时，我们还研发了多种小窍门，如三位平行变换重心卡槽、扑克牌反粘增大摩擦系数……

在正式比赛中，我们发挥稳定，虽然材料出现了一些状况，我们依然获得了较为理想的成绩。

我对这次 IC 之旅的成绩总体来说还是比较满意的，在此之中我也收获了很多，获得了宝贵的经验。

首先，团队合作是第一位的。处于思维最为活跃的黄金时代的我们，在对于各种问题的观点和见解上难免会产生偏颇，面对各自充分的理由，如何取舍决定方案是关键。很多时候有几种方法都是可行的，这时我们不能因此优柔寡断，难以决策，而应该避免不必要的讨论，按照一种方案准备和行动。

其次，练习必不可少。我队的小车前后经历了 12 次革新，敢说是所有参赛队伍练习次数最多的。毕竟这是一个动手实践制作的项目，纸上谈兵的作用微乎其微，一切经验尽在练习实践中。功到自然成。

再次，要善于随机应变。赛场情况瞬息万变，再全面的计划也难以囊括赛场上所有的变故，所以善于变通便是场上的重要能力。在赛场上我们临时改用了粗轴和四个大轴承以适应光滑的赛道和仅有的材料。虽然我们无法预测所有可能，但我们能够凭借我们的思维面对突发事件，利用智慧战胜困难。

最后，再次感谢唐山一中的支持和 IC 组委会给我们提供的展示自我放飞梦想的平台。创新驱动发展，人才引领未来。我们相信在 IC 宗旨的引领下，我们能够凭借我们的努力，一分耕耘，一分收获，用知识武装自己，用创新改变生活。

不放弃，就有机会成功

唐山市第一中学　范芳菲

2018 年 12 月 6 日至 12 月 9 日，我非常荣幸地和我的同学们一起参加了在北京举办的 2018 年国际青少年创新设计大赛（简称 IC）中国区复赛。这次比赛整个大赛共有来自全国各地的 230 个参赛队，参加 11 个项目的角逐。在这次比赛中，我们的参赛项目是无人机设计及制作，经过激烈的角逐，我们小队以绝对优势战胜了其他队，荣获了该项目比赛的一等奖！这短暂而紧张的三天时间，给我留下了终生难忘的回忆和深远的影响。

我们的挑战项目是无人机设计及制作。这个项目对于计算机知识匮乏的我来说，难度可想而知。面对困难，我没有灰心。在队长的帮助下，我快速地学习了 C++语言，能熟练操作电脑。到达后的第二天是大学教授给我们讲解无人机的相关知识。学习过程中，我们进行了详细的分工，我主要负责听讲，虽然上课的内容涉及很多专业知识，对我来说接受起来有些困难，但是看到队友们都在努力学习，我重新拾起信心，努力听讲，跟上老师的讲解步伐。

制作过程中，一开始我们把电动机接反了，而且怎么也修改不了。但我们并没有放弃，经过小组讨论、分析、反复尝试，最终找出了问题所在并修改成功。

焊接过程对我们来说也是十分陌生的，但我们没有气馁。负责焊接的同学反复练习，焊接完后拆开，再焊接……经过反复练习，他们对焊接技巧掌握得越来越熟练，并在第二天正式焊接时，我们队焊接得最快、最美观，效果最好。

测试过程中，在螺旋仪校准时，其他组做得都很顺利，但我们组校准以后结果总是红色的最差状态或是黄色的一般状态，从未达到绿色的最佳状态。对此，我们在队长的带领下，反复练习调试方法，持续了两个多小时，最终找到了误差缘由，经过调整，取得了改进。

正式比赛中，我们队的飞机在开启后不知为何电动机根本不转，当时已经测试完成了三个组，马上该轮到我们了，然而我们还没有找到解决的方法。我们十分焦急，愈发焦虑。在这种状态下，带队老师安慰我们一定要放松心态。在老师的鼓励下，大家逐渐冷静下来，细心寻找原因，终于发现是由于电池电量不足所致，马上更换后再测试。但测试时飞机又因失控被毁坏了。队友们十分气馁，并对这次比赛彻底失去了信心。这时，带队老师鼓励我们说："答辩还没有进行，比赛还没有结束，不要灰心。"我们又重整旗鼓，努力准备接下来的答辩，并且在答辩中取得了非常优异的成绩，受到了评委老师的一致赞赏，最终获得了一等奖。

　　通过这次比赛，我进一步体会到了团结协作的重要性；并进一步认识到遇到困难，一定不要放弃，只要坚持不懈，总会有机会获得成功的。同时我对科技创新有了一个新的认识。在比赛后的听讲座过程中，我明白了：科学研究具有灵感瞬间性、方式随意性、路径不确定性的特点，因此，我们在生活中遇到麻烦无法解决的时候，就不应拘泥于传统的思维方式，要善于思考，大胆创新，结合平时所学的知识认真求证，相信每一个奇迹都掌握在我们手中。同学们，为了祖国更美好的明天，让我们一起努力，在科技领域发光发热，让科技之光照耀神州大地。

所学甚多 收获甚大

蔚晨曦

北京一行，幸得全国一等奖，所学甚多，收获甚大，意义甚远。

在学习过程中，我的队友们发挥团队精神，展现出了极强的团队凝聚力和个人的奉献精神。

在上课之前的准备阶段，因为涉及编程，技术部负责编程的队长孙若同认为编程复杂，自己一人无法胜任，于是打算和同校同项目同样了解编程的少先队队长进行分工合作。他与少先队队长商量好之后，在队内宣布了这一合作事宜，立刻遭到了以公关部为首的反对。我和我的同事最美书记郭冯竞云认为，校内友谊仅限于校内，而身处北京，虽然不能各自为战，但应以团队利益为先，两队之间实际上先是竞争关系，而后才是互相帮助，编程很可能涉及软件部分的核心内容，不应交给外队。同时，以中学生的总体水平来说，项目难度不会太高，没有合作完成的必要。后来的学习证明，的确没有合作的必要，编程很简单，我们的技术部完全可以胜任，且不会涉及核心内容。

结束学习准备比赛的那天晚上，公关部负责宣讲的 PPT 和发言稿，在历尽坎坷、充分讨论、推翻数次之前的构想之后，凌晨 3：30 我们才睡觉。宣传部的杨导则负责视频制作，他把大量素材剪成一分钟的短片，临时学习配音技巧，工作到了凌晨 1：30。队长带着技术部的成员深入研究罗盘的校准问题，寻找最有效的办法，奋战到了半夜 12：00 多。工作固然辛苦，任务固然艰巨，但都在第二天获得全国一等奖之后被忘得一干二净。

我们的队伍还存在很多问题，其中尤为突出的是分工问题，这直接甚至严重地影响到队伍的效率。

在准备比赛的那一夜，负责组装的韩佳伊同学竟然没有工作任务，这是我们在分工方面的巨大失误，不仅导致了队员工作能力的浪费，还间接使得其他队员工作压力相对增加，甚至可能使韩佳伊同学产生被疏远冷落的感觉。不过，在有了这次的经验教训之后，明年去美国为国争光时就可以避免这种情况的发生了。

在比赛过程中，我们还深深地学习到了什么是"友谊第一，比赛第二"的精神，尝到了被帮助的滋味。

由于我队在场地的中央，距插座比较远，插线排不够用，电脑的电源成了一个大问题。幸好旁边的初芯队同意我队在他们那里接电源，这才使得我们的电脑可以正常使用，真的帮了大忙。后来初芯队有一些关于无人机的问题问我们，我和队友毫无保留地告诉了他们我们的一些经验和情况，进行了友好的互动和交流。

我所收获的友谊也是本次北京之行收获的重要的一部分。事实上，我们队员之间彼此都增进了了解。

本来以为队长是个少言寡语的技术型"大佬"，没想到熟悉了之后就变成了开朗的"话痨"。我还熟悉了工作严谨认真的范芳菲同学、马虎大意的杨导、机智细心的赵雨潇同学、热心队内事务的韩佳伊同学和友善大方的最美书记郭冯竞云。当然了，大家也熟悉了常务委员、超级戏精、焊接天才和伟大领袖蔚晨曦。

除此之外，我还明白了学校带队老师的辛苦和操劳，理解了创新对一个国家的重要性，体会到了大赛组委会工作的烦琐，学到了一些无人机的初级知识，了解了"八位一体"的精神内涵……还有好多好多。

总之，北京一行，幸得全国一等奖，所学甚多，收获甚大，意义甚远。

追梦路上你我陪伴

朔天队　赵雨潇

　　勇敢不是不害怕，而是心中有信念。

——题记

　　无人机制作对于我们整天埋头教室刷题的学生来说，是陌生的。但我们竟然毫不畏惧地来了，并且是冲金奖来的。不要说初生牛犊不怕虎，不要说青春无畏，而要说我们心中有信念——追梦青春不孤单。

　　2018年12月7日，是我们参加比赛培训的第一天。

　　上午，我和队员们来到听课会场，期待着名校专家的讲解，兴奋、好奇。但一上课我就有些发蒙，不知所云。专业的无人机基础知识十分枯燥，我的困意不断袭来。但身为记录员的我，肩负全组的重任，又不得不强打精神做好记录。无人机技术原理知识记了整整四页，潦草的字迹映出我有些烦躁的心情。但随着培训的不断深入，队员间的配合更加默契，我也渐渐找到了听讲的技巧，并不断完善我的记录。我的队友都各司其职，各尽其用。

　　下午是培训课的重点。听到编程，各路"神仙"大展身手，激烈讨论，这让身为"菜鸟"的我有些吃不消。看到我们队长以及队员们积极抢答，我非常自豪，有这样的队友做伴，追梦的路上不孤单，让我有了前进的动力。

　　白天的学习紧张而充实。晚上是关于无人机项目的正式设计。成员们经历"天才们"的轰炸，也有一些疲劳，但都努力听讲。复杂的焊接，我队"伟大领袖"炉火纯青，天衣无缝。杨导的随时记录，跟踪录像，不辞辛苦地积累着PPT素材。我和另一位队员，作为技术部成员，也积极地学习着编程。到深夜12点，我们的杨导，面色苍白地"爬"进队长房间，有气无力地告诉我们：还差一个镜头。面对早已心力交瘁的队员，面对早已有些不耐烦的情绪，队员们强忍下了莫名的火气，12点半再次出门拍摄。困倦的身体不甘心倒下，穿上外套，我们迈着自信的步伐走出电梯。我们知道或许我们不比别人强，但只要我们比其他人努力，终会有好的收获。午夜一点，我们个个拖着无力的身体走到队长宿舍，汇报成果。

　　这是我从未经历过的，看到大家个个疲惫地瘫倒在床上，我耳边忽然想起一首歌："世上有朵美丽的花，那是青春吐芳华。铮铮硬骨绽花开，滴滴鲜血染红它。"青春追梦，辛劳何惧，你我追梦，青春无悔！

团队让我走得更远

唐山市第一中学 安利源

北京的十二月尤其寒冷，刚一下车，大家的脸上就像是打上了红色的蜡，小手搓个不停，但眼睛却显得十分明亮。课程会是怎样？自己能不能听懂？比赛会不会顺利？大家的心里期盼着，也不安着。

到达北京的第二天我们便开始了紧张的学习。我们的学习地点是在无数高中学子的梦寐之地——清华大学，然而，这里弥漫的学霸气息并没有让我们的学习能够得心应手些，恰恰相反，在这里学习就像是在攀登一座雄奇的高山，看似威风凛凛，实则艰难不堪。我们尽可能地跟上老师的节奏，记录着老师讲的每一个要点，但是"不懂"还是占了听讲状态的绝大部分。这并不理想的开端，难免会让我对我们的结局感到担忧。

老师在讲课过程中，总会穿插着让我们自己动手操作的部分。合理的分工之后，我们看到了些许的希望。大家迷茫的眼神终于变得清晰，学习工作也有了明确的方向。我和另一位队员马良明负责的软件编辑是这次比赛的一大难点，因为我们没有提前做充分的准备，在听课时也不甚明白，所以这项工作做起来相当吃力。若不是我们向老师提问，能不能做出成品还是个未知数。在不断地请教与摸索后，我们的头绪厘清了些，至少，能够为前来询问的其他队的队员解答问题。而另一个小分队——硬件组装小分队似乎也并不是一帆风顺，在拼搭好了大体框架后，队员们遇到了最棘手的问题，那就是电路连接。队员们采用了和我们一样的方法：不懂就问，合作解决。值得赞扬的是，硬件组装小分队的工作完成得相当优秀，在后来摆到桌上评比的时候，我觉得一点也不比其他组的差，评委老师们同样感到十分满意。

大体的工作完成后，我们没有松懈，因为我们的工作仍有很多尚未完成，我的宣讲成了当务之急。感谢我们队中三位女生的辛勤付出，我在宣讲时使用的PPT便是出自她们之手。在介绍视频与宣讲稿完成之后，我们等待着比赛的到来。那是检验我们这一天半学习成果的唯一机会，也是凯旋的前提。看着其他组一个一个上去宣讲，我一遍遍地在心里告诉自己，你能行。队员们与我们的带队老师为我加油鼓劲，这让我感动不已，我想，这，一定是最诚挚的祝福……

在这短暂的几分钟里，我说出了我所想的全部内容。我尽可能地用更加风趣的语言向评委们表达我们的见解，可失误仍是不少。赛后老师和同学们都说我表现得不错，可我对自己实在是不满意。比赛已经结束，有什么遗憾就留到下次参赛弥补吧！

我们队的每一个队员，都有自己的闪光点，正是因为这些闪光点，我们才能发挥出更好更高的水平。

马良明同学，在此次比赛中发挥了巨大的作用。可以说，若不是马良明的积极表现，我们或许就取得不了这样的成绩。他是如此刻苦，在酒店里熬到凌晨只为编出比赛所需要的程序。由于习俗原因，他不能和我们共享大餐，只能吃自己带的方便面，他也不曾抱怨。我相信，这位意志坚定的少年一定会有一个光明的未来！

爱笑的大男孩刘新洋，给人的第一感觉就是沉稳。事实也是如此，交给他的任何事情他都可以很好地办妥。他帮忙做过 PPT，也参与制作了介绍视频，自己的本职工作硬件组装同样完成得很令人满意。他是队伍中的开心果，总是笑嘻嘻的，为我们的队伍带来了快乐的气氛。

活泼开朗的苏泽楠，在比赛中表现出了优秀的动手操作能力。拼搭、电路、焊接无所不能。他在焊接中曾不小心烫到了手，可是他没有二话，自己抹了抹烫伤膏，继续工作。他做起事来总是干净利索，正如他们一起拼搭的模型一样。他是一个外向的男孩，从不掖掖藏藏，总是坦率待人，这样的性格谁不喜欢呢？

文采奕奕的李林阳，写起文章来相当得心应手。读过她文章的人一定会惊叹，这个小小个头里竟然藏着这么多的知识。我们的 PPT 与宣讲稿，就是这位女生和另外两个女生一起制作的。她熬不了夜，可还是坚持和我们工作到很晚，她的付出，我们能够感受得到。

有些男孩子样的龚海娇，是一个很豪爽的女生。和她相处时，你甚至有时会忘记这是一个女生，而把她当作一个大男孩。虽然生活中她大大咧咧，但她在工作中却是一丝不苟，对自己分内的职务总是尽心尽责。她的学习成绩也很优秀，是一个名副其实的大学霸。

来自外班的杨海梦，在参赛之前和我们并不熟悉。其实我也曾为这一点而感到担忧，但后来事实证明这是多余的。她总是主动与人交流，很快便融入了我们这个团队。她在我们团队工作时，总是可以抓拍到一些精彩的瞬间，为我们留下了带着美好回忆的照片。

最后我想感谢我们的带队老师肖老师。她就像我们的妈妈，对我们无微不至。队员一旦有什么问题，第一个操心的绝对是她。在比赛之外，老师还会关心我们的饮食、住宿等生活中的问题。我们每个队员都要对肖老师真诚地说一声：谢谢老师！老师您辛苦了！

比赛虽然结束了，我们又投入了紧张的学习当中，可是这友谊地久天长，不会消散。

我与 IC

唐山市第一中学 无限队 龚海娇

在升入高中之前，从来没有接触过这类比赛的我对 IC 大赛这个事物感到又陌生又好奇，虽然开始的时候，参加这个比赛确实是为了比较功利性的东西——自主招生资格，不过在后来的学习实践过程中，我的想法慢慢发生了变化。

在去清华大学的路上，大家对未来两天的生活完全没有任何概念，所有人没有过于兴奋或激动的举动，只是睡觉、听歌、打游戏。长时间的车途令大家精神疲惫，来到酒店，大家就都回到了自己的房间休息。休息包括睡觉、听歌、打游戏。而我与老师同住一间房，刚开始很拘谨，毕竟是老师，总有一些敬畏之心。不过，看到肖老师非常可爱的表情时，我突然认为我们变成了朋友。老师和我在房间里吃饭时，聊了很多，虽然只是学习和生活上的一些小苦恼，但老师都非常耐心地给我一一解惑，并分享了许多她自己的经历，这使我受益匪浅。我印象最深刻的是老师和我说不要太在意学习成绩，来到唐山一中就是为了学本事，如果只图成绩，那一个人的眼界就太狭隘了，这个人也走不太远。这虽然是非常简短的一段话，但令我感受到了许多滋味。我作为一个非常好强的女生，总是希望在各个方面做得突出，不过对于成绩的苛求令我自己深陷苦恼中，老师实实在在的一段话恍然打开了我的心结，在此，我要对肖老师表达谢意。

第二天，大家整装待发，笔记本电脑、手机、纸笔一应俱全，准备迎接来自 IC 的挑战。到了清华校园，第一感觉和校外没有什么区别，一样的车来人往，可能正如老师所说，这里太大了。第二感觉，就是冷，北京的冬天似乎比唐山要冷一些，到了北京，许多同学流着鼻涕说道："这不是我认识的冬天。"而还有一种感觉就是，在前往教室的路上很安静，习惯了吵吵闹闹的我们，在开始便收起了我们的狐狸尾巴，不过，后来原形毕露了，我认为可能是江山易改，本性难移的问题。

老师的授课很简洁，也很烦琐。为什么这样说呢？老师用了大约一天的时间将课程全部教授完了，这光速般的讲课速度对我们来说是一个巨大考验，准确来说是对马同学和队长的考验。这里我可能需要介绍一下队里的情况，我们的组队非常草率，当时大家根本没有意识到我们所选的课题与队里的实际情况多么不相符。

其一，我们当时组队只是为了凑够人数，完全没有考虑到每个人的能力、专长与特点，并且选择项目时并未进行深思熟虑，只是根据字面意思进行理解，并以队友们的个人喜好与倾向进行选择的，这就造成后期我们分工上的困难与专业知识的欠缺。

其二，队友之间的熟悉程度差距很大，男生们都来自一个宿舍，互相非常熟悉，而女生有一个来自外班，除了名字和班级，我与男生们对她一无所知，这也是我们所面临的困境。

其三，由于懂得电脑相关技术的除了马同学和队长以外，队员们对于电脑编程一无所知。

以上皆为我们所面临的问题，可谓是困难重重，不过事情已经到了节骨眼上了，也只能硬着头皮往上冲。大家似乎也都意识到了这一点，没有一个人抱怨或无所事事的，都竭尽所能地想要为队里做出贡献。女生们不懂 IT 技术，没关系，为男生们打打下手，拧拧螺丝，搭建模型，做个 PPT 之类的。男生中不懂电脑编程的同学，连接电路，焊接装置，拿起就做。至于编程、APP 之类高深的技术就由队长及马同学负责了。大家都有条不紊地进行着手下的工作，没人喊苦，没人叫累，一个人熬夜，大家一起熬，女生凌晨两点睡，男生就奋战到四点，总之，我们就是要证明我们唐山一中的人不是吃素的。

在这奋斗过程中，我深切感受到我与队员们建立了深厚的革命情感，这种关系，不像是朋友，更像是战友，这种感情是弥足珍贵的，这似乎成了我们大家的共识，没有人说过任何煽情的话，但是大家真的就像一家人一样。谁说男女之间没有纯洁的感情，我们无限队队员之间的情谊就是最真挚的、最神圣纯洁的。男女生之间开玩笑、打打闹闹成了常态。

在比赛的最后，我们得到的结果是二等奖，或许有些遗憾吧，毕竟大家确实做出了很大的努力，不过我认为这个奖是公平的，我们的前期准备确实不够，专业知识也不够宽泛和精准，但我相信，这个奖也是对我们最好的鼓励，我们的辛勤付出也确实得到了回报。当队长在讲台上拿着奖杯的那一刻，我们所有队员都在台下为他呐喊，为他鼓掌，这也是为了我们自己，到了最后，谁还在乎自主招生资格，队员们的珍贵情谊才是最大的收获。

故言，我们无限队，一直在路上。

梦开始的地方

唐山市第一中学 无限队 刘新洋

2018 年 12 月 6 日，那是梦开始的时间。

我们激动的心情已难以隐藏，早早起床，从家赶往学校，沿路的风景似乎都显得比平时美。到了学校后，见到了同队的队员们，几句简单的寒暄过后，便是一阵嘻嘻哈哈，每个人都对此充满期待。其他同学也都靠过来，给予了我们最真诚的鼓励与微笑。收拾好行李，装备也都配备齐全后，带着同学们的期望，怀着对创新的无限遐想，伴着阵阵北风，踏上了征程。在此刻，每个人都将此当成了一场战斗，每个人心里都有着同一个信念：此战，必胜！

12 月 6 日下午，则是到了梦开始的地方。我们到了我们要居住的酒店，感觉十分高大上，配套设施也十分完善，并且酒店旁边就是餐厅，十分便捷（可以看出老师们的良苦用心，是认真挑选过的）。但是，在阳光明媚中，却又出现了片片乌云。因为自身的粗心马虎，最为关键的身份证被遗忘在家中，致使不能正常地开房间，整个队伍都因为我的失误陷入了停滞状态。正当我们手足无措，急得焦头烂额时，温和的微风带走了心中的烦躁，带队老师和组委会老师给予了莫大的帮助。

在这里，我想先写一下我对带队老师的感激。带队的肖老师，是我们学校的一名任课老师，她本人脾气很好，性情温和，而且非常有责任感，对待我们七小只，就好像是自己的孩子一样，给予我们无微不至的关怀和帮助，而且在后面的学习中，肖老师总是在旁边为我们默默加油。最重要的是，肖老师也上了年纪，但是她还是和我们一起学习到很晚。肖老师每次都说："看你们一起努力特别好，只可惜我不能帮上什么忙。"但是老师，其实，你的陪伴和关怀，就是最大的帮助了。没有了你的指导，可能，我们将无法正常进行比赛了。

而领队的杨老师，也是和肖老师一样，是一位温和可亲、富有责任感的好老师。他可以说是我们的指挥中心，比赛所有的安排、行程，都是他第一时间传达给我们。虽然杨老师与我们接触的时间不长，但他为比赛顺利进行而奔波于各支队伍之间，他辛劳的背影后，是强大的精神。

在两位老师的帮助下，我的住宿问题终于得到了解决，在此，我还是要十分真诚地感谢两位老师。

时间来到了 12 月 7 日，战斗的号角吹响了。我们乘车来到清华大学李兆基科技大楼，开始进行真正的学习。在老师对人工智能进行了简单的介绍后，我们面临的第一个难题是分工。根据每个人的兴趣爱好，我和另一位队员负责进行电路和硬件设备组装。之后就是一些关于互联网深层次的讲解，对 IT 没有什么知识储备的我来说，这简直就是天方夜谭（我很庆幸我没有负责进行编程和 APP 的制作安装）。讲解完后，大家都感觉一脸懵，还好有老师的课后辅导，大家大体上了解了互联网的运转形式。在经过一天的学习后，大家都感觉身心俱疲，但是我们还有很多需要做的事情，所以只能打夜战了。黑夜里，除了点点繁星外，还有大家的欢声笑语和努力学习。每个人都拼尽自己的全力，互帮互助，攻克难关，终于在凌晨完成了大体工作。此刻，我们这支队伍，变得更具有凝聚力，彼此的心都更近了一步。

12 月 8 日，那是决战的日子。早上，大家都早早收拾好，每个人都精神焕发，斗志昂扬。到了教室，大家便立马投入到了工作中。每个人都各司其职，队长和另一位队员在进行编程的收尾工作，我们电路这边也都大体完成，几位女队员，发挥自己优势，在为布置美化和 PPT 讲解做最后的完善；领队肖老师，也是一如既往地为我们加油鼓劲。纵使前方布有千军万马，只要，身边的伙伴凝聚在一起，那又如何。来吧，最后的决战，我们，已蓄势待发。

8 日下午，决战即将来临。但是，此时的剧情，竟不像电视剧里的那样，每个人脸上带着严肃的表情，眼神充满杀气，必要杀个你死我活，反而，教室里呈现的，是温馨，是友爱，是和谐。每个队伍，在此刻，变得不再是对手一般，反而像是队友，彼此请教，互相指点，你帮我，我帮你，整个教室都处在升温状态。

在这样一种氛围下，最后的比赛开始了，每个队伍竭尽全力，在短短几分钟内，表达着自己对智能的理解，对创新的阐释。到我们了，队长在上台前对我们笑了笑，说："加油，走。"加油，看着队长的专心讲解，时不时说出的幽默语言，以及他对我们所设计结构的说明，我的心里只有激动、自豪。加油，看着我们队唯一的回族小兄弟，在台上向老师展示他熬夜编出的程序、设计的软件，我的心里只有激动、自豪。加油！比赛结束后，大家每个人都感觉松了口气，付出的努力没有白费，最终取得了全国二等奖。当天晚上，每个人都瘫倒在床上，老师在一旁让我们好好休息，补补觉。是啊，很累，但是内心却觉得很充实。每个人都为这次比赛付出了很多：我们的队长，是一个会拉小提琴的游戏高手，但此刻，他更像是一位大哥哥，招呼着我们这群小孩子。回族兄弟，是我们队中的电脑高手，也是我们的开心果，当然，他也有为了比赛而牺牲吃饭的片段。和我一起组装电路的，是个会弹吉他的帅小伙，没有他的帮助，一个人，真不知道该怎么组装好那些复杂的电路。还有三位女队员，每一位都是肯吃苦、不怕受累的好队友，没有她们的努力，怎么能做出如此优秀的PPT呢？就是这样一群"妖魔鬼怪"，抱着初生牛犊不怕虎的精神，组到一起，并最终成为共同努力、共患难的真心朋友。真的，我很感谢有这样一群伙伴，感恩，感谢。

时光还在不停流淌，每一份回忆都值得收藏。长大后，我们，一样仰望。为期三天的比赛结束了，坐上大巴，踏上归程，一切似乎都已尘埃落定。但，每个人心中的那份感情，不单单只是初行时的激动，更多的，是对科技的认识，对努力的怀念，对奋斗的期许。放眼窗外，夕阳的光辉撒在地上，不知怎的，总觉得风景变得更美了，比刚刚出发时还要美。一声启动声后，伴着夕阳，离开了梦开始的地方。但此刻，梦，虽然结束了，但它留给我们的影响，涌流不止。

少年强则国强，少年智则国智。身为社会主义接班人的我们，不是更应该多培养自己的创新精神吗？本次比赛，我收获了很多，不单单是书本上的知识，更多的，是来自实践，来自整个团队合作过程中，它使我对科技创新有了全新的认识，原来，它并不是那么遥不可及，相反，它一直就在我身边。

最后，我再次对我们全体队员，我们可爱的肖老师、杨老师、各位组委会的老师，还有给我们授课的老师，表示真诚的感谢。

这次比赛就像是一阵微风，它轻轻地来，又轻轻地走了，但是，无限队，这支活泼坚韧的团队，依然存在，加油，无限队！！！

IC 创新大赛，一次收获之旅

唐山市第一中学 马良明

12 月 6 日，我们从唐山出发来到北京。在清华大学进行了为期两天的学习，时间虽不长，但我们收获的实在太多太多，也有许多的感悟。

12 月 7 日我们在清华大学的李兆基科技楼开始学习智能家居的相关知识，给我们授课的老师很温和，知识水平也非常高。课程从介绍智能家居开始，由浅入深，我们一步步地学习了智能家居系统如何实现，作为中转站的云服务器如何搭建，执行器和传感器等硬件如何装配、手机 APP 如何编写以及控制硬件实现功能的单片机程序如何编写这些知识。作为零基础的小白，我们在一天的时间中接受这些知识很有困难，但大家都坚定信心，拿出咬定青山不放松的劲头，努力把知识吃透并投入运用，又加上老师和其他队伍的同学的帮助，总算是完成了大部分的工作。

12 月 8 日上午，工作进行到了关键阶段，每支队伍都打起了十二分的精神，相继完成工作，接着又开始调试，不断更正发现的错误。最令我感动的是，这场比赛到了这个时候，这里完全营造了一种互相帮助、互相学习的氛围，大家的眼里不只是竞争，还有合作。你帮助我，我帮助你，我们不只是对手，更是一起同学习共进步的朋友。坦白地说，我们队伍最终成绩的取得是离不开这些朋友的帮助的，我们从他们身上学习到的不只是知识，更多的是他们美好的品质。我们从他们身上能看到自己的不足，加以弥补，我觉得这是很重要的一个自我提升的过程。

12 月 8 日下午，比赛开始了。五支队伍按抽签顺序进行最终成果的展示和项目的答辩。我们队抽到了第三名，一个不错的顺序。但后来我们看到了前两支队伍同学的精彩展示，感受到了很大的压力，多亏了带队的肖老师在旁的鼓励，我们的心情才放松了一些。轮到我们发言了，队长回头给了我们一个自信的微笑。"走吧!"他的声音是那样的坚定。尽管心里有了准备，展示的时候我们还是有些紧张，队长比较成功地完成了设计理念和模型结构的介绍，然后轮到我介绍我们的 APP 和在树莓派上搭建的 Broke，内心有些小紧张，说话不由地快了一些，而且展示过程中也出现了一些小问题，但最终还是基本表达了我的想法，我觉得这很好。

最后想表达一下我们这次的感悟。

想感谢的人实在太多了。带队的肖老师就像妈妈一样照顾我们七个人。我们出现问题障碍时，她替我们担心；我们解决了问题障碍后，她也跟我们一样高兴。她主动跟我们沟通交流，给我们减轻心理上的压力，给我们鼓舞士气，想起她为我们做的点点滴滴，我们就格外地感激。给我们授课的老师认真负责，教会了我们新的知识，并且在这两天的工作中给予了我们很大帮助，我们也要表达对他的真心感谢。IC 大赛的负责人杨老师，这两天也一直在陪伴着我们这五支队伍，他同样帮助了我们很多，他和蔼可亲，我们也要感谢他对我们的付出。一同比赛的同学们，我们互相学习交流，取得了巨大的进步，这同样离不开彼此的付出，我们对此也要感谢。最后，我们要感谢 IC 创新大赛的主办方，感谢他们办了这么好的一次比赛，让我们参赛者从中收获了许多。

这些天的学习让我对创新有了新的理解。梁启超曰："少年智则国智，少年强则国强。"我们是二十一世纪的少年，是被寄予希望的一代。创新让旧事物重新焕发生命力，创新让新事物更加美好。唯有创新，我们才能"少年智""少年强"。顾炎武曰："国家兴亡，匹夫有责！"为了个人和国家的命运，担负起天下的兴亡，我们应做富有创新意识的一代，在不远的将来，为把祖国建设成一个创新大国做出贡献。这是祖国赋予我们的责任，这是时代赋予我们的责任！不创新只能成为被历史车轮碾碎的石头！

关于合作我也想说些话。这些天的学习和工作让我们的队伍联系更为紧密，良好的分工合作造就我们最后不错的成绩。还有与其他队伍的合作，我们彼此取长补短，才有了最后成功的结果。所以说，我们必须懂得合作的重要性，眼里只有竞争的人，他的路不会太远。三个臭皮匠赛过诸葛亮。我们每个人不可能十全十美，每个人都有自己所擅长的领域，只有互相合作，将特长发挥到极致我们才能把工作做好、做精。

总的来说，这些天的经历让我们学习到了很多，我们享受这次比赛，我们的心情无比愉悦。

精诚团结创辉煌

唐山一中 高一 (12) 班 李响

2019 年 2 月 22 日至 24 日，北京，温都水城，2019 年国际青少年创新设计大赛（简称 IC）中国区复赛。我所带领的唐山一中"浅梦队"以绝对优势斩获了同项目比赛的一等奖！

我们的比赛项目是 IC 智能机器人周游列国，任务是操控小车将礼品投放到指定区域内，用时最少、投放最准的队伍为胜。

比赛虽已结束，但赛前准备、磨合、互助、协作的每个场景都还历历在目。为了使机器人的速度更快，行驶更稳，投币更准，我们设计了无数方案，经历了无数次失败。在车型设计方面，省繁从简，力求通过最简洁的设计实现复杂功能，在驱动系统方面，我们选择使用两个 lego 大型电机驱动，这样可以最大限度地减少底盘面积，降低操控难度，在投币系统上，我们可谓下了一番功夫，小组成员面对材料有限的问题，反复验证了履带传送法、推杆法、滑道法、挤压法等投币方法在实际操控中出现的问题，最终受左轮手枪弹夹启发设计了圆盘式投币系统，并受到评委老师的好评。

比赛的两天虽然紧张而疲惫，但当看到金灿灿的奖杯和奖牌时，感觉再多的付出也是值得的。

现在想来，我们准备的虽是一场比赛，但它却是对我们心志历练的过程。我们从一开始的不知所措，到完成最终作品，费了不少功夫——不少细节都是"白手起家""从无到有"，步步进步，步步提升。

相对于技术上的进步，更进一层的还有我们的团队意识、责任意识的增强。从一开始的分歧，到后来的博采众长；从一开始大家神情上的谨慎严肃，到后来队员们活动氛围的轻松、愉悦。心往一处想，劲往一处使，队员们好像拧成了一股绳。我们相信——只要齐心协力、保持团结，没有什么不能做到！

这次的比赛，更是一场对团队协作的考验，一次对创新意识的发掘。通过这次比赛，我的经历得到了丰富，我的意志得到了磨炼，我们也更深深感受到团结协作在完成理想、目标中所起的巨大作用。在这里我要感谢我的队员们，感谢他们的理解包容、团结协助。

　　比赛虽取得了胜利，但我并没有满足，这只是一个小小的开始，我相信：努力，才会在科学探索的道路上越走越远；协作，定能够攀登一座又一座高峰。

问世间情为何物？那便是，一切，有我。

唐山一中　侯蕊佳

有人说机器人没有感情，人工智能必将会给社会带来新的危机。对于还未正式登场的机器人来说，这无疑是不切实际的否定。机器人，其实是最温情的存在。他没有言语，但在炽阳下，他会接过你手中的扫帚；他没有表情，但在危险的战场，他会替你冲到最前线；他没有亲人，但他知道你有亲人。他的存在，是在守着你最想守护的人；他的存在，是在让你心中的微笑成为永恒；他没有感情，却也最深情。他的每一个举动无不在向你转述："你退后，让我来！"

我们做智能机器人的想法也源于此。让机器人取代机械性、重复性的常规人工操作，是现代化的必然趋势，也是对人类最好的保护。酷暑之际，有不少人中暑晕倒在岗位上的例子。就此，我们研究了一种能自动投放物品的机器人。

从去年十月份开始到现在，已将近半年，半年来，我们的机器人从有到无，我们的默契从零到不谋而合。

机器人的诞生过程也是我们友谊的形成过程。我们从陌生到熟悉，从相聚到分离，机器人成了过程的牵线。

真正给我印象最深的不是比赛的那几分钟，而是赛前奋斗的身影。"那些听不见音乐的人认为那些跳舞的人疯了。"尼采说得极是。我们在赛前一起窝在房间里研究提高准确性，一直到将近深夜十二点才有了结果。我们因此高兴了一晚上。看起来似乎是微不足道的小事，可是只有我们知道，这对我们来说意味着什么。

比赛前，我就只记得那双紧握着的手。队长，笑着安慰我们不要紧张，自己双手紧握。候场的时候，我们远远地看着队长，他大喊出来："没事，有我呢！"那一刻，我感觉心被狠狠地撞了一下，瞬间落了地。

对，有我呢。我们还在。比赛已经结束，我们笑着挥手，笑着说再见。我只看见，转头那一瞬的不舍。每一次相遇都是久别重逢。我们的相遇，就好像老友重逢。

　　似乎没有太多的汹涌澎湃，没有太多的风雨，但总有一个人替你守护着皓月清风，替你修篱种菊。当你无助时，总会有一个人替你做好了从头再来的准备。

　　北京之行，收获的远不只奖杯，还有一颗能被别人依赖的心。我们渐渐地学会了相信，也学会了担当。

　　我们，学会了说："别怕，我在。"

砥砺前行，逐梦未来

——参加第六届 IC 大赛有感

唐山一中　刘禹辰

2018 年 2 月 22 日至 24 日，我和六位同学一起参加了在北京温都水城举办的第六届国际青少年创新设计大赛中国区复赛的比赛。

半年时间，我们一路过关斩将，从预赛到决赛克服了重重困难。功夫不负有心人，在最后的角逐中，我们超水平发挥，最终取得了一等奖第一名的优异成绩。回首半年来，许多往事仍历历在目。

我们参加的是智能机器人的比赛，任务是操控机器人携带五枚徽章完成五个"一带一路"沿线国家，并将徽章放到各个国家的指定区域。最初我们选择的是机械臂式投放，可由于机械臂盘转时耗费时间过长，我们最终改为拉送式。而我们选择了节能环保的乐高材料，并用手机上的软件和机器人相连。之后我们又挑选了我们中最优秀的"驾驶员"。当然我们也遇到了一些小插曲，比如说在比赛前几天机器人突然跑偏，可最终有惊无险，在酒店里我们将问题解决。比赛中我们的选手发挥异常出色，用时 36 秒，是所有参赛队伍中最快的。当晚上得知我们获得一等奖第一名的时候，我们每个人都欢呼起来，为这来之不易的成绩共同庆祝！

当然，还有一件事不得不提，那就是我们拍的以协同、合作、"一带一路"为主题的影片获得了十佳影片奖。还记得寒冷的冬日，我们顶着凛冽的寒风到大城山公园实地取景，每个细节我们都拍了很多遍，力求做到精益求精，而这个奖项就是对我们最好的回报。

颁奖典礼上，我作为代表为我们队领取了奖杯，登上领奖台的那一刻，我深感自豪，手中的奖杯是对我们努力的肯定。我明白了科学其实离我们并不遥远，在一次次动手实验，一次次的设计与操作中，我体会到了科学的严谨与乐趣。在今后的学习生活中，我会将一丝不苟、勇于探索、持之以恒的科学精神发扬光大。

在比赛中，我结识了很多朋友，我们因对科学的热爱走到了一起。获奖的欢乐，可能会随着时间的流逝而逐渐消逝，但我们的友谊定将天长地久，这将成为我们人生中最宝贵的财富。

最后，感谢我的母校唐山一中为我们提供了这个参赛的平台，让我们有机会接触科技创新；当然还有我的那些队友们，每个人为比赛倾尽所有，少了谁都不会有最终的成绩，相信这段经历将会成为我们人生中最好的回忆。

火舞春秋　狼战天下

唐山市第一中学火狼队高一（1）班　齐婧萱

本人参加了第六届 IC 大赛，收获颇多。

初闻这个比赛的时候，抱着尝试的心态，我们组建了"火狼队"。"火狼"的寓意是"火舞春秋，狼战天下"。这是我队队长阎心怡起的名字，得到了队员们的一致认可。火狼也正代表着我队队员坚韧不拔的意志。我们队伍的组建是个曲折的过程。仅开学半个月的时候，我与阎心怡、刘修齐三人找到了另外四名同学组成了团队，但由于某些不可抗因素，我队发生了一次大换员，不过团队最终稳定下来了。

初赛对于当时的我们来说还是个不小的挑战。关于海报的绘制，我队特意绘制了一幅符合"火狼"的海报。创新作文能顺利完成，也有赖于本人平日爱看些科幻小说及电影，在其中学会了一些相关知识。初赛截止日期将近，我队每日晚自习的大课间都要出去开会，回家后依旧在队群里讨论相关事宜。由于身体原因，重感冒发高烧，本人在此重要关头请假三天没有上学，但在发高烧的情况下我依旧完成了作文的创作。不久队员们也完成了设计图的制作。最后成绩喜人，我队成功进入复赛。我校也有二十多支队伍入围，值得庆贺。

我队原本参报的是今年的新项目 P——人机协同，但迫于某些原因，改为了 I——周游列国。此时我队有一名队员因家庭原因无奈退赛，我们便在班内又找了一位同学参加，这也就是我们现在的"火狼"。

面对项目的临时更改，我们面临着不小的挑战。我队队员都牺牲了个人的时间，研究智能机器人的相关事宜。我队还在周日自习的时间去唐山大城山公园拍摄了我队影片。剧本出自我队白烨明同学，讲述的是一支汉朝商队在前往西域的途中遭遇劫匪后脱险，顺利到达西域的故事，这也正符合了周游列国丝绸之路的主题。影片由上百个片段剪辑而成，五分钟的影片耗费五小时才顺利完成。此影片也获得了十佳影片奖，值得我们骄傲。

对于智能小车的制作，我队队员进行了许多文化学习以及设计，才有了我们现在这个由乐高制成的小车。队员们在寒假时抽出空闲时间一起出来多次练习，为大赛做了充分的准备。阎心怡和刘修齐进行答辩，阎心怡也耗费了很大精力写了一篇稿子，以阐述我队小车的原理。我们曾尝试齿轮传送和机械臂投掷，但结果都不令人满意，最终才有了我们现在这个推送式小车。白烨明作为使者负责讲述故事，杨宗霖和邱文博负责拍照记录，而我和刘禹辰负责指挥和操作。

比赛前一天，一到达酒店，我队就在楼道内进行了长时间练习，还得到了其他团队以及家长的赞美。还有一个小插曲，临近比赛前为了美观，我们为小车加了一个外壳，但却引起了小车跑偏的问题，我队尝试了多种方法都无法解决。原本最短纪录 31 秒能完成的操作，现在要花上 50 秒的时间。比赛当天中午，我队进行了最后的练习。最终决定由我操作，刘禹辰指挥。现场比赛时，我们的状态都出奇地好，最终以 36 秒的成绩取得了时间第一的好成绩。

最终，我们以 I 项一等奖第一名的成绩完成了我们的比赛，同时我们也结交了许多新朋友。我们这支队伍少了任何一人都不会取得这样的成绩，同时也感谢家长对我们的支持，以及杨小平老师等人对我们的帮助。也感谢组委会给我们这个展示自己、为校争光的机会。

脑分割——科学与爱的体验

——第六届 IC 大赛参赛感想

高一（10）班 火狼队 邱文博

在我们的大脑中，左右脑的生理机能不同，感知世界的方式也不同。粗略地说，左脑是"理性"的，而右脑是"感性"的。从另一个层面上，我们可以用"科学"代言左脑，用"爱"代言右脑。这便给脑分割分析法以另一种认识。可是，这与我的参赛感受有何关系呢？

创新设计大赛是使青少年对科学燃起进一步崇尚火焰的打火石。这次比赛使我学会了许多新技能。例如，初赛中，我是海报制作人之一。从来没用过PhotoShop 的我，在一台七年前买的二手电脑上学会了图片的编辑，不仅使我对图片有了新的认识，也使我对计算机更加感兴趣。还有，我们一起学习机器人原理时，对其中有趣又严密的设计与科学原理充满赞叹。小车周游列国投放硬币，需要准确的操作系统和先进的设计。小车需要在短时间内多次调整方向，单侧轮转、一侧轮定的设计解决了拐弯不便的问题。投放硬币需最大程度简洁以降低错误率和节省时间，推送式比机械手臂更具以上特性。在解决问题的过程当中，我们的技能得以提升。

讲座中，教授讲，孩子是天生的科学家，他们的好奇心是成功科学家必有的素质。我看到参赛的朋友们为了设计出他们自己的小车，日夜思索构造，小车做了拆拆了又装，有的队伍在比赛前几分钟仍在改进。他们相信那不够完美，便毅然追求更完美。坚持与协作，这给好奇心裹上外衣，使它走得更远；坚持、探索与学习，并进行创新设计，看起来难，但我自己觉得，若我们把自己看成小孩，不断地提出开放性问题，并且自然地思考，最后在现有知识中完善理论，那么像科学家一样思考便不难了。

在北京的几天里，不仅学到了科学知识，使我的左脑充分运转，还得到了队友们的关爱，让我的右脑接收到了感情的电波。

参赛前，我的腿不幸骨折了，本以为会给队友带来诸多不便，可令我感动的是，他们每个人都十分关心我，出电梯时他们总有人为我守着门，防止门提前关上；上楼梯时，总有队友在我的后面守护着我；吃饭时，队友们总是把好吃的分享给我……除此之外，还有一件事情也令我十分感动。一天晚上，我们在一家餐馆吃晚饭，服务员多上了一盘菜。菜一上，我们有几个队友就吃上了。本以为可以免费享受这盘菜了，可是我们的队长联想到服务员还是个二十多岁的小姐姐，可能因此被扣工资，队长坚持要把钱付给餐馆。队长的善良感动了我们，她给我们上了一堂课……

这次比赛，是左右脑的联合体验 我们不仅收获了科学知识，还有爱的力量。

汗与泪交织成的才最美好

唐山市第一中学 逐梦队 耿一涵

2019年12月7日至8日，我与小伙伴们一起参加了在北京举办的第七届国际青少年IC科技创新大赛中国区的比赛。这次不同寻常的北京之旅，我们不仅收获了一等奖的佳绩，还收获了许多感悟，学到了很多。

我此行的第一个感悟就是：只有奋斗才会有结果。首先分享一张我的丑照吧，看我笑得多傻！可手里有沉甸甸的奖杯，胸前挂着金灿灿的奖牌，这让我怎能不笑？记得三周前，队长还在为人数不齐而一筹莫展；两周前，我们还坐在宿舍冰凉的地板上，看着面前寸步难行的小车焦头烂额；比赛前一天晚上，我们小队还聚集在房间里商讨改进措施。汗与泪交织成的才是属于自己最美好的，时至今日我才读懂了这句话。看我笑得多甜！

第二个感悟是众人拾柴火焰高。还记得初赛时组委会要求我们写故事、做海报等。而时间只有短短两周，又恰逢学校期中考试，压力可谓一重接一重。但我们没有放弃。张博涵作为队长，发挥了他超强的凝聚力，把我们凝聚在一起，合理分配工作、适时给予鼓励与支持，是我们队伍的中流砥柱；黄鑫、任金阳等揽下海报大任，在毫无经验毫无外力帮扶的情况下准时超额完成任务，设计的海报美观而富有科技感；我则接下了编写故事的任务，以自己拙劣的文笔拟出初稿，并由队长审核并润色一番，为团队的成功尽了自己一份力。再提复赛准备小车时，虽然我负责的是比赛检验，但看队友们埋头忙得不亦乐乎，也参与到了制作中。可惜学校不许把手机带入校园，否则我一定要把我们围在桌前激烈讨论的场面变为永恒的照片！可以说，我们团队的每个人都尽了自己的一份力，而谁都是不可或缺的。所以在获奖后，我们开心地把队长举得老高！团结就是力量，这不只是一句歌词，还是一句最为朴素的真理。

第三个感悟是：劳逸结合，事半功倍。可能这听起来并不是很正经，但我要说，它的确是我们成功路上有力的保障。清楚地记得，在我们经历一下午的激烈探讨，终于解决了小车的平衡问题和动力问题后，队长带我们去校门口吃了板面。板面有点咸，绝对不算珍品。可我们一边说笑，一边享受着头脑风暴后的宁静，这一碗碗板面竟出奇地香。还有比赛前的晚上，队长与我看出大家由于压力过大都很没精打采，就出资请大家吃了一顿饺子。果然在一顿美味的饺子后，大家的脸上都展开了笑颜。在房间里中途休息时，大家更是不住地唱歌，虽说不好听，甚至还有点跑调，但我们每个人都很开心，同样也重新获得了满满的干劲。就像汽车长途行驶，中途不可避免地要加油一样，废寝忘食地为目标努力固然重要，适度的休息也是必不可少的！否则，这沉甸甸的奖杯就不一定到我们的手里咯。

　　其实我的感悟还有好多，千言万语也说不尽，最后还是要感谢学校给了我们这个机会，使我们开阔眼界，增长见识，学到了书本上学不到的东西。也希望我们逐梦小队的队员都能实现自己的梦想，秉承逐梦的理念，获得属于自己的成功，并进一步为国家献出自己的一份力，落实科技创新的原则，实现中国的富强！为了我们的未来，为了祖国的未来，为了民族的未来，逐梦队，拼了！

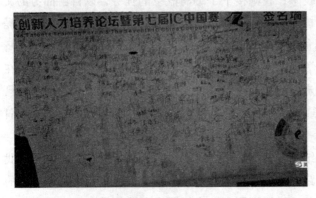

在最美的年华，做最好的自己

杨岚婷

2019 年 12 月 6 日，我搭乘着去往北京的大巴车，背载着我的期许与梦想，去追寻那中国中学生心目中的"诗和远方"。如今，回头看看，发现自己在那短短的两天中收获满满，学到了许多在课本上学不到的东西，真正体会到只有真心付出，才会有丰硕的果实，但付出的不一定和收获的成正比，只有经历过才会懂得其中的辛苦，才会理解收获的喜悦。

回顾一下比赛历程，历历在目，仿佛就在昨天。12 月 6 日，在车上度过了一个兴奋紧张又充满期盼的下午。晚上，我们到达酒店，简单吃过饭后，我们的队长决定再加紧练习一次。从设计、制作，到最后的测试，我们又进行了一次周密的部署。将近 22 点，我们才回到床上，此时内心并不觉得疲惫，而是充满了信心。

7 日早晨，我和队友早早集合在酒店门口，出发前往比赛场地。比赛开始后，我们立刻按照之前的部署，进行分工合作。我负责安装小车车轮，加固零件，切割木条。我们首先制作了小车底座，采用长方形形状，内用三角形加固，因为以我们之前的测试经验认为，小车最重要的是底座与车轮，必须花大量精力与时间来完成它们。车轮间距，底座高度，我们都拿刻度尺精细把关。为了防止车轮固定歪，我们反反复复拆装不下五次。时间一点点过去，当我们制作完一个自认为近乎完美的底架时，时间仅剩余 30 分钟。我们开始惊慌，感觉制作支架的时间已经不够用了。这时，队长安慰我们："别着急，咱们底座好，这就决胜了，支架可以粗略地做，不会影响小车的。"我们这几个队员表示赞同，到最后五分钟，我们用胶条粘住了牙签制成的重锤杆，简单清理了桌子，上交了作品。

简单休息后，下午我们在会议厅门口集合，准备测试小车并进行答辩，这也是最重要、最令人紧张的环节了。我负责答辩，在入场之前不停地背着写好的答辩词，声音却因为紧张显得无比颤抖。终于，轮到了我们队入场，看见这么多专家、教授，我的腿开始发软，呼吸也变得急促。我从小到大，似乎也没见过几回这样的场面。电视台记者的镜头，专家教授、知名学者的目光都投向了我，我一时不知道该看向哪里，内心突然在一瞬间感慨万分：难道这不是给自己准备的舞台吗？这是属于我的时刻，这一刻，我是这里的王者！也许是上天赐予的勇气，我流利地介绍完了我们的设计图，令我惊喜的是，这一次我居然改掉了说话不敢看别人眼神的毛病，我勇敢地用眼神与专家交流，希望他们在我的眼神里看见必胜的信心，看到我们的能力。短短的几分钟转瞬即逝，我兴奋地走出会场，准备与队友分享这个好消息，然而他们却都垂头丧气地靠在柱子上：小车在测试过程中重锤掉落，导致测试不成功！这个消息对我来讲无疑是晴天霹雳。自己精心准备了几个月的项目，一瞬之间成功与我擦肩而去。我第一念头就是想冲到比赛场地，恳求评委再给一次机会。冷静下来却发现这个念头十分愚蠢，便静下心来思考制作过程中出现的问题：过于注重底座，支架制作过于潦草。我十分后悔，埋怨自己当时为什么没有想到。但是比赛已经结束，结果已定，这不是怨天尤人的时候了。坐在椅子上沉思，我才明白做事情的每个环节都是紧密相连环环相扣的，万不可只注重一处而忽略其他，否则将会导致大麻烦。

我在准备 IC 比赛中，收获了友谊与思考的快乐；我在进行 IC 比赛时，收获了合作与动手的技能；我在比赛结束后，收获了人生的道理。在这短暂的青春中，我拥有了一份美好的回忆，开阔了视野，提升了自己，谁说我这一路不是收获满满呢？得第一，获荣誉固然光荣，但是 IC 精神的真正意义，是让每个少年懂得创新的重要性，学会创新思维，更重要的是要有人文精神，只有拥有这些，一个人才能越走越远，祖国才能永远向前！

IC 梦，我们的创新梦

刘宇飞

就在 2020 年 10 月份，我们端阳队集体组队一起申请参加 IC 创新大赛。当得知要写申报书一事时，我们毫无经验一筹莫展。在此时，我们队长为我们鼓舞打气，分配任务。各位队员分工协作，有的负责海报设计，有的书写感悟心得还有的解决创新难题。在这段时光中，我们召开数次会议，在会上积极讨论，认真分析。在得到第一版时，我们大体满意但认为可以更上一层楼，于是继续修改，多个队员在放学后在家中奋力改进。我负责海报设计，在其中经历了设计、作图、Photoshop，添加文本资料和照相等等。还记得当时回家，对着电脑，脑海中的海报设计头绪全无，在刹那间想到 IC 的举办初衷：为了提高青少年分析问题、解决问题的能力，坚持素质教育和学生高质量参与的育人导向，弘扬科学精神。就在那一瞬间，我想到了——梦想，对就是梦想。我们有梦，IC 有梦，国家就有梦，人类就有进步。

在我们制作的过程中，困难也是层出不穷，首先资源包到货慢，我们就用上届剩下的材料，各位队员凑齐材料开展一次又一次的测试。寒冷的测试教室是我们热血奋斗的地方。我们团结合作，每个人都为一辆辆小车的出现奉献属于自己的智慧，在图纸设计上，每个人基本上都交了一份对图纸的设计，在一张张的纸上不难看出队员们的辛勤付出和创造力。最后的几辆小车上，我们创新地加入了变速器的设计，在我们的测试中，一次又一次地刷新我们的纪录，证明我们的创新是对的。在制作的过程中，不免受伤，还记得一位队员的手上直接被锋利的裁刀划出一道流血不止的伤口，在我们的关照下，为之贴心消毒、包扎，体现了我们团结友爱的团队精神。

犹记寒冷的那天下午，我们开始了 IC 的正篇——正式比赛。在比赛前夕，我们将手放在一起并高呼我们的口号：端阳必胜，我们必胜。在我们全队心齐一致、热情满怀的情感下开启了属于我们的战斗，我们的征途。首先是队长抽取资源包，想起那时，不觉有些感想，当队长将其拿上去，等待几秒后便是真正的赛场了。老师宣布比赛开始，队员们蓄势待发，我们在旁鼓舞士气，为其记录美好的瞬间。没过多长时间，队长就已满头大汗，但眼中仍闪烁着追逐梦想的光芒，那是属于他的梦想也是我们的梦想。在其一旁的是我们的主力，在比赛前他曾设计出好几款无碳小车的车型，最牛的一款甚至无限接近 2.1，对他我们也是抱有信心。队长对面便是我们队的活宝，承担着我们队的笑点，是我们的开心果。左手边就是我们唯一的女队员，细心谨慎就是她美好的特征。我们测试组在他们忙的时候也没有事不关己地旁观，而是为他们加油鼓劲，时不时送去我们的信任和祝福。

接下来就是激动人心的测试环节了。在测试前我们信心满满。但当我们放开小车让它自己去与这个世界的规则——力学拼杀时，我们输得一无是处，输得丢盔弃甲。到我们测试时小车竟无视我们的期盼，大跌眼镜地跑出了赛道，那时我听到了梦碎的声音。是啊，谁不为之伤心呢？那时我清楚地看到队长颤动的肩膀和我旁边的朋友说话的颤音。但队长仍鼓舞我们：真正重要的不是比赛结果，而是我们为之奋斗的青春和经历。我想这是对的。

在我们逐梦的路上，苦难和挫折定不可避免，但如何去克服这些挫折是我们值得用一生去探索的。IC 教会我最大的道理就是：攀上巅峰固好，但沿途的风景也是极美的。大道唯我，只需直行。

青春不止充满阳光

马瑞源

成长是一片天空，有乌云密布也有阳光明媚。通过参加创新大赛我学会了合作。

在以前的学习生活中都是为了自己而奋斗，为了自己的梦想而努力。而这次是为了我们这个团队而奋斗而努力。

在刚开始准备初赛的时候，看到比赛规则，我们都认为我们做不出小车来，甚至认为连初赛都过不了，但队长对我们说："如果单靠自己，可能做不出来，但我们几个合作，就一定可以做出来。"真如队长所说的，一朵鲜花打扮不出美丽的春天，众人合作才能移山填海。我们成功地做出了小车，并在校内测试时成绩不错，有一次甚至冲出了赛道。

但还是我们太天真了。我们以为在准备的时候取得成功，在比赛的时候就一定能取得不错的成绩。

受疫情影响，比赛时间几经推迟。终于迎来正式比赛，我们队怀着必胜的信念来到比赛场地。随着一声"开始"，我们四个负责制作小车的人按照之前的分工开始制作，尽管在制作的时候状况百出，但我们都有惊无险地一一化解，就当我们快要完成的时候，我们发现了一个致命的错误，我们的小车支架是斜的。但我们已没有时间也没有材料去改了，我们坚持把小车做完，并祈祷它像"扬州八怪"一样越"怪"越厉害。

但是，事与愿违。

比赛结束后我们走出报告厅，外面的天色正如我们的心情——黑暗，无尽的黑暗。但从我们准备参加比赛到现在，有许多值得回味的。我们收获了友谊，学会了为他人着想，学会了团队合作。在比赛时，我们想还有时间，先试一试小车是否能走，但队长不同意，他问我们："如果试了，小车坏了怎么办？制作时间到了来不及修怎么办？""那就弃权！"队长接着说："咱们弃权了，他们三个测试的人呢？他们连上场的机会都没有吗？就算到真正测试的时候小车走一步就倒了，也应该让他们去试。"听完队长的一番话，我们默不作声，手上拿着胶，不断给小车加固。

我们只是单纯地想来不及补了就弃权，却没有为其他的队友着想。比赛后，才意识到那是自私的想法，团队合作不应只考虑自己，更应考虑他人。

所有的事情到最后都会成为好事，如果还不是，那是它还没到最后。那时我们因没取得好成绩而灰心丧气，认为这不是一个好结果。其实不然，我们虽然没有收获好的名次，但是我们收获了真诚的友谊，为他人着想的友善，不怕困难的决心，勇于奋斗的信念。

台上一分钟，台下十年功。台下我们练习了无数次，三个月时间大家克服了许多的困难，但是赛场上的困难是我们没有想到的。以后我们应更好发挥团队精神，利用好每个人的长处，多思考、多协商、多配合。

这些宝贵的经验才是我们成长路上最好的收获。有了这经验我们才能飞得更高更远。青春不止充满阳光。

感结构之美，悟工艺之精

张开妍

2021 年 1 月，第八届创新设计大赛分赛顺利举行，作为参赛队伍云龙队的成员，我对结构和工艺产生了深深的感悟。原来看似简单的间架结构中蕴含着深深的道理。

一、木架虽小，能承万钧之力

结构的承载力，来源于结构的细节。几根木料做横梁，几根做斜梁，斜梁倾斜多少度，斜梁如何打磨，横梁如何打磨，结构衔接用胶水还是榫卯结构，如何在承载力一定的情况下减负……无数问题盘旋在我们的大脑中。完善了木架的结构，使木架轻巧而坚固，是结构设计追求的最终目标。承重结构的形态和位置，对整体有着决定性影响。承重是用一根斜梁卡在一根横梁上，还是两根斜梁支撑；承重架距顶部距离略短，还是距底部距离略短；承重架做成什么样子才最轻巧……光是承重结构就要牺牲不少脑细胞，何况还有其他问题，可见结构细节的复杂、重要。

二、工艺虽简，能长结构之力

一个普普通通、朴实无华的小木架，需要数道工序：选材、切割、打磨、铆接、黏合、磨平、减重……仅十余段木条便可组成的随处可见的小结构，四人协作还需要一小时许，可见工匠之辛。眼睛观察那蜿蜒的木纹，耳朵分辨轻磨的木质，嘴巴吹去飘飞的木屑，手指挤压散碎的木缘，许久，方成。结构精致、做工完善的轻质木架，可以蚍蜉之态撑山之倾，然结构粗糙、粗制滥造的木架，却难撑起一人之重。哀经验之缺，能力之微，虽奋力制作，然其架力弱体残，难承其重，可叹乎。经过许久练习，制作技巧才能略有成就，使本对木工很是轻视的我们深深感受到了工匠精神，培养出了基本的默契和团结。制作木架也是需要合作的，我们年龄尚小、经验少、能力弱，要依靠团队的力量，发挥各自的长处。力气大的打磨，眼神好的切割，手稳的黏合……只有发挥各自的优势，才能弥补我们经验少、能力弱、速度慢、效果不好的众多缺点。

经验什么的，只有去做了，才算是自己的。至于比赛结果如何，早不是我该担忧的，今年不成，还有明年呢！至少，明年，这些错误我不会再犯了。

凡是过往，皆为序章

——参加 IC 大赛有感

峥嵘队　张涵逸

2020 年，我来到了高中的校园，认识了新的伙伴，也参与了一场从未接触过的比赛：第八届 IC 国际青少年创新设计大赛！

一开始我抱着试试的想法参与了学校的讲座，在老师的讲述中这项比赛深深地吸引了我。看着老师放映的 PPT 中往届同学所获得的奖项和他们那骄傲的神情，我不由得升起了一颗好胜的心。既然别人可以做到，那为什么我不可以呢？我们班一些同学的想法与我不谋而合。就这样我们组成了一支队伍，参与到了这场大赛当中。

在讨论后，我们选择了结构设计这个项目。一开始我们认为这个项目的难度并不像其他项目那样大。但当比赛的通知下来后我们才认识到这个项目并不简单。以三克以内的小木条承重，这个看似不可能的任务来到了我们面前。因为疫情原因，比赛的时间向前推了不少，我们的时间所剩无几，摆在我们面前的却是重重难关，要使比赛和学习兼顾，确实不是一件容易的事。但我们坚持了下来，我们参考学习历届的参赛作品，取长补短，终于在最后确定了自己的作品。在最后的比赛中，我们虽然没有发挥出最佳水平，但也取得了十分不错的成绩，完成了在一开始时我们想都不敢想的目标。

在这次比赛中我学到了许多。首先就是团队合作，在这场比赛中我们队伍的每一个人都发挥着至关重要的作用，不论是在一开始的海报设计、故事编写，还是后来的制作练习中，大家集思广益。可以说这次参赛大家的力量才是我们最后成绩的主要来源。当然在这之间也少不了磕磕绊绊，所以调节队友间的关系也是对我们的考验。其次要勇于创新，不要局限于曾经的成功要向崭新的未来看齐，我们可以在他人的经验中学习，但绝不能一味照搬，这么做只会使我们思路局限于现在，只有不断地创新才有出路。最后就是不要说不可能，在练习的过程中，对于有些创意我们一开始并不支持，觉得不可能，但到最后成品却远远超出我们的预计。

　　IC 大赛带给了我许多，伙伴，机遇，经验，以及美好的回忆。我想在以后回忆起这件事时，我能说："凡是过往，皆为序章。聆听时代，未来已来！"

青春就是担当

——lC 线上听专家报告学习心得

唐山一中中加 19 班　孟禹含

近日，按照第八届 IC 创新设计中国赛的学习安排，我在 IC 讲坛上学习了几位专家的演讲课程，收获颇丰，感触良多。

作为一名高中生，作为二十一世纪的青年人，我们面临着一个充满挑战的时代，一个信息化数字化的时代，一个创新的时代。北大教授王其文先生提到"创新是中国经济发展的重要出路"，所以我们必须树立目标，学有所成，改造世界，造福人类。我们必须努力奋斗，付诸行动。在求学的过程中，会遇到很多的磨难，挫折，这需要我们青年人激发青春的活力，勇于担当，勇往直前。

青春是什么？"枝头汪着湿润的绿色，温暖的阳光下，几株碧桃含苞待放，空气是醉人的清新馥郁。"作家杨沫这样写过。青春是生命之初的绿色，青春是朝阳普照的温暖，青春是含苞待放的芳香。青年人拥有青春，更肩负着为社会发展注入力量的神圣使命，这是责任，需要担当。在青春的成长过程中，我们也要学习如何去与人交流。在演讲中，刘嘉麒院士就曾提到，正因为我们在接受教育的过程中学习了技能，增强了人与人之间的交流，所以我们才学会了如何和父母相处，如何尊重你的学校，如何报效你的祖国。

一代人有一代人的长征，一代人有一代人的担当。这给我们青年人指明了方向。为了实现中华民族伟大复兴的目标，需要青年人的担当与奋斗。

担当是什么？担当是战斗的宣言。孔子说："士不可以不弘毅，任重而道远。"孟子说："天将降大任于斯人也，必先苦其心志……所以动心忍性，曾益其所不能。"毛主席赋诗曰："指点江山，激扬文字，粪土当年万户侯。"这些锦绣文字，恰如珠玉，彪炳史册，熠熠生辉。

担当是无畏的气魄。中华民族从来都不缺少坚定不屈的勇士、为国为民的斗士、捍卫信仰的战士。屈原唱罢"路漫漫其修远兮，吾将上下而求索"，投身汨罗；文天祥写就"人生自古谁无死，留取丹心照汗青"，从容就义。夏明翰、刘胡兰、黄继光、董存瑞等革命先辈，为了新中国的解放不怕牺牲，抛头颅、洒热血。他们是我们民族的脊梁，是我们世代流传的榜样。

担当是付诸行动。古人云：一屋不扫，何以扫天下？就像刘嘉麒院士说的那样，做人要立志，立志先做人。所以要从当下做起。如果空有理想，不付诸行动，担当就是一句空话。相声大师马三立的《十点钟开始》就淋漓尽致地讽刺了光说不做的一类人。我们必须把长远目标与短期目标结合起来，从小事做起，一步一个脚印，去实现自己的理想，焕发青春的活力，体现人生的价值。

青春就是担当，人生就是挑战。我们要把握青春最美好的年华，让青春凝聚自信、磨炼品格、升华魅力。勇于担当，把握现在，砥砺前行，不负韶华。这是我们青年人的使命，这是我们青年人的责任，这是我们必须激扬高唱的青春之歌！

聆听专家讲座，收获智慧人生

——聆听 IC 线上讲坛专家讲座感想

唐山一中 黄俊凯

第八届 IC 中国赛活动内容非常丰富多彩，特别是 IC 线上授课课程，来自中国科学院大学、清华大学、麻省理工学院三所名校的专家的讲座，让我受益匪浅，收获了很多智慧。三位专家分别从他们的成长经历、工作成果、对创新的理解、对人生的理解等几个方面做了阐述，让我情不自禁思考起自己的人生，感觉豁然开朗，真是听君一席话，胜读十年书。

态度决定一切。虽然在听讲座之前早就已经听说过这句话，但理解得并不是特别深。当我听到两位头发花白的教授讲起自己的人生经历时，都提到了一点，就是学生时代是人生最宝贵的时光，都是长身体、长知识的最好时机，而中学阶段是求学时最关键的阶段。过好这一关，以后的路会更加平坦。两位教授就是怀着这种朴实的求学态度，不管时代如何变迁，他们都能够把命运牢牢地把握在自己的手里，努力去学习、去创造，创造了属于他们的人生奇迹。我不禁思考，到底是什么造就了不同的人生呢？两位教授在他们年轻时代经历过国家的"大跃进"时期、"三年困难"时期、"上山下乡"时期、"文革"时期，但不管外界怎么变化，他们都相信知识改变命运，不被外界干扰。所以，我们做任何事情，成败的关键不在于客观因素，而在于我们做事的态度，知道内心想要什么，想过什么样的人生并积极去创造。客观困难永远存在，但关键在于我们是直面困难，解决困难，还是回避困难，在困难面前放弃，这便是一个态度问题。鲁迅先生曾说过，真正的猛士敢于直面惨淡的人生，敢于正视淋漓的鲜血。我们正处在青春年华的关键时期，我们更要以积极的态度面对困难，不为困难所吓倒，成为学习和生活中的勇士。冰心也曾说过：成功的花儿，人们只惊羡她现时的明艳，然而，当初她的芽儿却浸透了奋斗的泪泉，洒满了生命的血雨。

教授们的人生经历，教会了我人生的智慧：不为困难找理由，只为成功找方法，这便是我对人生的态度。

　　另外，我收获的第二个智慧是，人与人之间要相互尊重，和睦相处。一个人的品格是金，良好的品德是生存的根本。厚德载物，我将注重培养自己独立的人格，做一个真实温暖，有爱和力量的人。了解自己，也看到别人，接纳人与人的不同，与人为善，团结友爱。美国的原子弹之父罗伯特·奥本海默说过，一个人的净价值是他在同行中获得的尊敬的总和。在参加 IC 活动中，我深切体会到，与人融洽相处是做好事情的根本，我会注重自己智商、情商、健商的提高，收获幸福快乐、硕果累累的人生。

　　第三个智慧是创新要有实践和理论做基础。清华大学教授傅水根说，行动（实践）是老子，知识（理论）是儿子，创造（结果）是孙子。可见实践是检验真理的唯一标准，同时还要有知识理论作为支撑，实践和理论相结合，才能有创造出现。中学阶段是求学的关键时期，决定着我们将来上哪所大学，学习什么专业，要想有一个更高的起点，学到更高的理论，就要抓住关键的现在，迈向自己想去的大学，去更好地进行创新创造。我也明白了，实践创新，不能仅仅是纸上谈兵，而且要创业，要变成财富，就像中国科学院大学刘院士所言，科学是忙出来的。实践是增长才干的必经之路，把工作变成事业和追求，科研成果水到渠成，是副产品，在这个过程中，可能会艰苦，但却是幸福快乐的。

　　第四个智慧就是相信自己。傅教授说，千万不要以为别人做不到的事情，你就一定做不到，要相信自己，事实上，只要你不畏艰苦，积极去探索，去尝试，是完全有可能做到别人做不到的事情。

　　这让我想到了一句话，人是因为畏难而不愿做，而不是不愿做，才觉得困难。教授们的亲身经历，让我看到了自信的人生，过得如何精彩。我要怀着对生命的热情，努力向上向善，在一次次的选择当中，遵循内心的指引，选择自己热爱的事业，并全身心地投入，找准方向，从点滴做起，不断创新。

　　合抱之木，生于毫末；九层之台，起于累土；千里之行，始于足下。科学创新的过程是那样的乐趣无穷，在实践中观察，在观察中思考，在思考中领悟，在领悟中成长。

　　我相信：Everything can be expected in the future.（将来一切皆有可能。）

终生难忘的美国东部之行

唐山市第一中学带队教师　杨小平

　　2017 年夏天，我有幸在自己的不惑之年第一次踏出国门就来到了远在万里之遥的美国，游览了世界的经济中心——纽约、被誉为"美国雅典"的波士顿、"雷神之水"——尼亚加拉大瀑布和美国的国家心脏——华盛顿；走进了世界名校哥伦比亚大学、耶鲁大学、麻省理工学院、哈佛大学、宾夕法尼亚大学和普林斯顿大学，十天的时间尽管短暂，但足以让我留下终生难忘的印象。

　　美国，作为当今世界的第一超级大国，以前通过影视节目给我留下的印象就是到处是耸入云端的高楼大厦和富丽堂皇的宾馆酒店。但是，当我真正穿梭在美国的街道和进入宾馆的房间之后才发现其实不然，即使是纽约或其曼哈顿区，也有很多20世纪二三十年代的老建筑依然在被使用。哈佛大学中最古老的建筑是有近300年历史的马萨诸塞大厅，而如今的校长、副校长及其他行政人员的办公场所就设在一二层，上面是大一新生宿舍。宾馆的房间里面，最为明显的就是灯的开关，一看就知道是已经使用了很长时间的，即使在中国的小城市里面也很难见到的那种；还有一种老式的"门吸"，就是安装在侧门框上面的一种简单的金属构件，说实在的，这是我第一次见到这种东西。我想，这些或许能够从一个侧面反映出美国之所以强大的一个原因，那就是因为美国人普遍的务实，这种实用主义在我国各方面的发展中也是值得借鉴的。

　　在哈佛大学比赛结束后的当天下午，我们在哈佛大学的一位华人留学生的带领下参观了美丽的校园，每到一处，她都会如数家珍般道出其间发生的有趣故事或其悠久的历史，或是某位哈佛名人留下的光辉的足迹。给我印象最深的，就是麻省理工学院的学生两次恶搞哈佛先生铜像的事情了。一次是用各种颜色的布条将哈佛铜像打扮得"花枝招展",另一次是将哈佛铜像打扮成电玩游戏中的超级勇士,戴着头盔,抱着机枪。之后我问了她两个问题,一是哈佛大学的学生是如何回击的呢?她说哈佛的学生自认为恶搞的水平不如麻省的学生,所以就没有还击;二是这些"道具"是谁拆除的呢?校方是何态度?她说都是哈佛的学生拆除的,校方是睁一只眼闭一只眼。我听后,对哈佛大学的敬意又加深了一层。或许正是因为这样的包容与大度,才成就了这所世界顶尖名校的霸主地位。

　　在本次国际比赛中,由于信息不对称,加之我们对于比赛规则的理解偏差,导致学生在比赛过程中以为大赛的规则受到了其他学校的挑战,于是向评委及组委会提出了申诉,最终得到了较为满意的答复。在这个过程中,我并没有阻止他们,而是协助他们一同向组委会反映。因为我知道,堵不如疏,所谓理越辩越明,只要大家都是在一个理智的状态下去分析这个问题,就必定能够达成一致。通过这个小插曲,我倒是看到了在我们学生身上所表现出来的"独立之精神,自由之思想",这应该就是我们学校一直秉承素质教育的理念所打造的"森林式教育"模式的缩影,是"培养具有世界眼光的中国人"的成功案例。因为学生们没有失去独立思考的习惯,敢于怀疑,不轻易相信世间的流行,不轻易相信权威的结论,不轻易相信绝对的否定和肯定,不轻易相信没有经过怀疑、思考和辨析的所谓真理。我相信,本次的比赛过程一定会在他们的生命轨迹中留下重要的标记。

　　人们常说"读万卷书不如行万里路"，此次我的确是漂洋过海行程万里去到美国"拜佛求经"，沿途庆幸未逢一难，所取真经未必不能造福一方。我愿在孤寂的长夜，手执一盏明灯，为坚韧的赶路人照亮一段行程！

美国之行感悟

唐山市第一中学　陈震林

这次参加 IC 国际决赛，我们跨过了半个地球，不远万里来到了大洋彼岸——美国。这次美国之行给我带来了一种不一样的感受。

我们第一天到美国的行程排得非常满：参观联合国、游览哥伦比亚大学等，而在出发之前就知道了行程的我们，本该在飞机上好好休息，却只顾玩乐，忘记了这一点，结果在游览的过程中变得非常疲惫，最后只好缩减行程，而这正是组委会为我们上的第一堂课。

是啊，这正是我们不注重计划的表现。既然我们知道了计划，我们就应该重视它，而没有重视计划的我们只好落得个狼狈下场。但这也给了我们一个很好的教训，告诫我们，以后无论去做什么都要先了解计划，并根据计划进行相关的准备，才能把事情做得更好、更有效，才能保证自己有一个良好的状态。

之后几天便是在哈佛的生活。在这几天里，我感受到了美国高等教育与中国的差别，他们的教育更加开放，更加注重实践，这也是中国可以选择借鉴的地方。不过，美国当然也不是完美的，住在哈佛的第一个晚上我就看到了它的不足：与中国相比，它在城市建设中仿佛忽略了排水这一点，那天不过是一场小雨，可大街上、校园里已经有了一层积水，美国气象局甚至发来了洪水警报。而在中国，除非是极大的暴雨，否则是绝对看不到积水的，而这也正是中国自古以来的一个优点。

到了参观尼亚拉加大瀑布时，我们都为那壮丽的自然景观而赞叹。那巨大的瀑布倾泻而下，就像是谁捅破了天。在这激烈的水流中，水花被溅起、打散，又随着空气一点点上升，形成了仙境般的云雾，顺着风飘去，最终又聚在一起，重新落下。这便是大自然的鬼斧神工，就算是人工做出了这样的高度差，也绝不可能创造出这样的美景。我站在瀑布面前，久久伫立，为其折服。我认为，这样的气势，也正是我们人所需要的。

在旅途的最后，我们看到了自由女神像，这几百年前法国人送来的礼物。

它不仅象征了美国的独立，也是每一个来到美国的人都会看到的东西。因为这一点，我从它身上看到了美国的包容，看到了美国的开放，这也是美国政策的一个优点。美国凭借着高超的科技、繁荣的经济向全世界敞开了大门，而这也是我们所要学习的。

最终，我们怀着不舍与留念，离开了美国。这次美国之行，让我看到了美国的长处，也看到了自身的不足。借鉴他人的优点，弥补自己的不足，才应该是这次美国之行最大的收获。

IC 美利坚之旅

唐山市第一中学　冯赞

随着轰隆的巨响，飞机降落在北京机场，重新踏上祖国大地的同时，也意味着我们为期十天的美国之行的结束。在这并不算短暂的游历中，既有诸多的收获和感悟，又有碰撞与反思，美利坚之行，让我难忘！

2017 年 7 月 10 日，带着比赛的任务，我们唐山一中代表队一行六人，背起行囊踏上万里征途来到美国。参加 IC 大赛的初衷是锻炼自己的团队协作能力，突破应试激发创新，而比赛秉承"创新驱动发展、人才引领未来"的宗旨，致力于培养青少年自主、协同、探究、实践、创新的能力，注重人文素养和国际视野的特点与我的想法高度契合！从网络初赛到中国赛区复赛再到国际赛区决赛，在繁重的课业压力下，我们团队想尽办法挤出时间来准备比赛，最终信心满满地出发。

回家

征程

美国决赛之行使我增长了不少见识。两天赛程和八天的旅行时间中，我们的足迹遍布纽约州、康涅狄格州、宾夕法尼亚州、马萨诸塞州等。回到宾馆后充裕的时间，更是让我有机会深入体验当地的人文自然。在我看来，美国确实无愧资本主义头号强国的称号，它的强大在任何细微之处都可见一斑。然而，辩证地看待事物的两面性，亦可知悉美国也存在某些缺陷，善于辨别，择善而从，发现它的优越，为我们国家的建设提供借鉴与帮助。

思考　　　　　　追求　　　　　　榜样　　　　　　奋进

理想　　　　　　　　　　　　演算

　　此行中收获的友谊也让我欣喜万分。十天，不长不短，却让我结识了来自全国不同地区的同龄人，我们带着共同的期许走到一起，在最美好的年纪相识，我相信这段珍贵的友谊对每个人来说都是一笔宝贵的财富。每天的互动课堂让我们增进对彼此的了解，有时也会引发我们深深的思考。能思考到会表达这个飞跃性的进步让每个人对自己和他人又有了新的期待和认识。

　　在此次出行的主要任务——比赛过程中，我也有颇深的感触："取长补短""换位思考""沟通理解""携手成长"是主旋律。首先，我们看到了自己的不足，发现了实力的差距，这为我们今后的发展提供了宝贵经验。其次，在我们准备比赛的过程中，每一位队员从初赛创意故事的沟通、选题、构思、校稿到严冬清晨的校园拍摄、才艺展示、拍摄中的随机应变；从训练场地的无数次设计调试到赛场上自信满满的操作和答辩，每位队员都付出了许多努力，更收获了比赛以外的经验与进步。尽管困难重重，我们都逐一克服，这个过程是不参与其中就无法体会的宝贵经历！经过这次比赛，我们的性格中也多了一份坚毅、

健身

一份成熟。赛程中亦有一些意料之外的地方：参赛队员就关于理解"负重"含义和创新实用工具材料规则措辞表意、评比规则的理解角度等方面，在赛后提出了不同意见。组委会与参赛队员相互之间就理解问题的角度和方式进行沟通，给予了参赛队员以理解与支持，给予了组委会在有效的时间段内有效地解决问题的宝贵建议，这给我们这些年轻人将来面对问题、解决问题提出了最有价值的建议，也将使我们受益终生。组委会通过综合素养的方式检验队员们的收获与认识，给了青年学生表达自己认知的机会，尊重年轻人成长过程中主动思索、勇于表达不同意见的行为。最值得珍惜的是丰富了这次比赛的意义！海纳百川，有容乃大。在不断的沟通理解中升华优化，感谢 IC 大赛提供的这个锻炼我们的大平台！感谢支持我们的恩师亲朋！愿 IC 更好！愿我们更好！愿祖国更好！

感谢

聆听

223

指导

合影

同贺

这次旅行的所感所获，我会如珍宝般珍藏。

全家福

我的美国之旅

唐山市第一中学 高润生

　　2017年7月11日至21日，我校五人由杨小平老师带队，共同乘飞机去美国参加了IC决赛，在这次比赛中，我校区取得了组委会二等奖的优异成绩。比赛结束后，我们还参观了哥伦比亚大学、麻省理工学院、哈佛大学、普林斯顿大学、耶鲁大学等多所著名的大学，并与当地师生进行文化和学术交流。同时我们还游览了白宫、国会、联合国总部等标志性建筑，体验了美国的建筑风格和文化特色。

通过这次比赛，我有了较大的收获和体会。

第一，在比赛的前期准备过程中，我学会了坚持和研究。创新无碳小车并非一朝一夕的事，我们几个人就像科学家一样逐步实验、探究。我们的小车一次又一次在我们眼前倒下，但我们并没有放弃，而是不断地研究新结构的小车。我们的宗旨是没有最好，只有更好。

第二，在比赛中我们学会了团结协作。比赛的时间是固定的，所以这要求我们要分工明确，每个人都有任务，半点时间都不能浪费。

第三，在比赛后我们参观了美国的名胜古迹和大学。比如，在哈佛大学，我体验到了古代建筑的庄重、威严，而在麻省理工学院，我看到了美国现代化的建筑。

第四，赛后我们还听了哈佛教授的公共演讲，这次演讲使我受益匪浅。它教会了我们如何用手势和声音在演讲时打动他人，使你的话语更具有说服力，在他演讲结束后，我们还主动去台上演讲，教授在旁边指点迷津。

第五，美国人民的脸上总是带着微笑，这就是美国所特有的微笑文化。比如在酒店的前台，如果你英语不好，他就会一边说话一边给你做手势，脸上却仍保持着微笑，如果你确实听不懂的话，他就会亲自带着你去。

第六，美国的空气总是清新的，天空总是湛蓝的，云一朵朵压得很低，空气中自带泥土的芳香，小草在明媚阳光的照耀下显得绿油油的。

第七，美国的小动物和人类是和谐相处的。到了美国，只要有松树的地方你就会看到松鼠。无论是喧闹的市中心还是寂静的田野，只要你坐在长椅上谈话，长椅下就可能有一只小松鼠在边啃松果边听着你们的谈话。

第八，美国的食品以烤和炸为主，烤鸡是每顿饭必不可少的，饭后的甜点还有冰激凌。早饭以面包为主，还配有烤土豆、烤培根，几乎顿顿搭配番茄酱，而且美国人有早起喝咖啡的习惯。说到咖啡，美国的咖啡与中国的不同，那里的咖啡带有一股淡淡的涩味，而且主要是现磨的咖啡。

第九，美国的环境以绿色为主，高速公路旁边没有防护栏，放眼望去可以看见广袤的草地。在校园里也可以看见成片的草地，并且草地上并没有写着"禁止踩踏"的牌子，人们可以在草地上野炊、聊天、嬉戏。

第十，在美国，你很少看见有人在低头玩手机，大多数人都是用手机听音乐、看脸书。人们的素质也比较高，当你横穿马路时，车在很远处就会停下来等待着。在美国，你经常听到的一个单词就是"Sorry"（抱歉），即使你不经意地碰到了别人，他也会说"Sorry"。

参加这次比赛，我进一步增长了信心，有一种说不出的成就感，这将在今后学习中继续潜移默化地影响我。

美国之行感想

——行走中思索，创新中成长

唐山市第一中学 宣毅

初到美国，发现美国的城市与想象中大不相同。从高楼林立的纽约到肃穆厚重的剑桥，两百多英里的距离仿佛相隔几个世纪，一路上有现代化的喧闹繁华，有工业革命时的激情澎湃，也有独立战争前的幽静肃穆。不同的城市具有不同的气息，诉说着自己独特的人文魅力。

漫步哈佛，在这座近 400 年历史的古老校园中处处能感受到历史的厚重感和人文气息。三谎雕像是哈佛的著名景点。底座的书上刻有拉丁词汇 "VERI-TAS"，意为真理。有真理，就会有谎言。或许雕刻时信息不全，出现差错，但雕像本身值得深思。大学者，研究高深学问者也。在探寻真理的道路上，在上下求索的路途中，真理与谬误、正确与谎言始终并存，我们有时可能误将谎言当作真理。内惟省以操端兮，求正气之所由。我们必须时刻保持思维之独立，用批判性思维审视接收到的信息，在探索的道路中保持清醒和理智。

所谓大学者，非谓有大楼之谓也，有大师之谓也。哈佛教授为我们讲述了有关演讲的技巧。他的讲述风趣幽默，给我留下了深刻印象。在国外教育中，演讲、报告一直处于重要地位。西塞罗说，教育的目的是培养雄辩家——政治家，西方教育继承了自希腊罗马时代流传下来的重辩论、重演讲的传统。此次的演讲培训使我受益匪浅，由于性格相对内向，不善言辞的我一直对演讲有所顾虑。在今后，我要学会自然地表达自己的观点，用诚挚和幽默感染听众，不断强化演讲技巧。

谈到美国之行的重心——创新设计大赛，比赛的过程真可谓一波三折。比赛开始后，我们便按照计划开始分工制作，并很快完成。由于完成较早，我们的小车吸引了麻省理工学院教授的注意，教授与我们进行了交流并观看了我们在桌子上进行的模拟测试。对于我们桌上的模拟测试结果教授是连声称赞。身为中国代表队中的一员我倍感自豪。

制作的过程十分顺利，测试的结果也十分理想，但遗憾的是，我们却在比赛操作中出现了意外。第一次操作由于紧张出现严重失误，第二次为保险起见，我们使用了较小传动比的变速器，小车行走良好但行走距离低于实验时的平均距离 212 厘米。最终，我们的比赛结果是 203 厘米，离第一名仅有 5 厘米的差距。虽然成绩还算不错，但如果没有失误，我们将是第一名的有力竞争者。步徒倚而遥思兮，怊惝恍而乖怀。比赛结束后，我因失去竞争第一名的机会懊恼不已，但不久便释然了。比赛不可能十全十美，此次的意外更是一次成长，让我的未来更加精彩。

此次美国之行虽然短暂，但弥足珍贵。在十天的时间中，我感受到了顶尖学府的学术氛围，体验了美国小镇的古典气息，更收获了国际比赛的紧张和激动。虽然略有遗憾，但比赛结果已经不再重要，团队长期的付出和汗水终于在这一刻得到了回报。证书上承载的不仅有比赛的结果，更有我们数个月的奋斗历程。感谢教导培育我们的老师，感谢一直在背后默默付出的父母，感谢坚持奋斗到最后的自己，我们在国际比赛中证明了自己，我为我们团队感到骄傲。

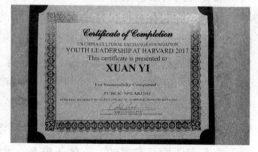

美国之行 心的感受

唐山一中 赵启凡

　　我觉得要讲一个新接触的东西是要通过对比的。这回出国，我是抱着北京比赛的经验、对美国的向往与必定会受到冲击而后成长的心态。

　　在北京比赛的时候，我其实去之前也没有做太多功课，也没有觉得到底会怎么样，好像万事不过我临阵一哆嗦，不就是个答辩吗？结果就是我在到北京的第一天，听邢教授讲关于 IC 的内容。首先，一大堆白衬衫西装裤，气势上就很足。而最吓人的是各位教授说的关于 IC 的内容，我记得邢教授说了一些关于与德国、美国比赛的情况，以及我们的文化如何更好地在世界传播和这回的评委。真的，特别有一种市井小民初见天颜的感觉，原先在小地方不知道还有这样的场面。当时在北京住宿的那几天我每天可能也就休息四个钟头。所以我就觉得在美国估计食不好、寝不安。相反，除了在飞机上没有休息好，别的时候吃得香睡得好，也不似那般的紧张压迫，更有一些从容了，或许这就是一种成长吧。

　　前两天，我在飞机上、在大巴车上，沿途风景天高云淡，我却无心欣赏。我一直有点压抑。考完试，好像不咋地，而且下个学期前途未卜。但这似乎并不是最重要的。我害怕，我学习播音主持，文化课一次又一次挫伤着我，而艺考的压力也时时压迫着我，使我喘不过气来，7 月 10 日到 7 月 21 日：美国，7月 18 日到 7 月 30 日：北京集训，时间关系就是这样的，就算我不休息，也还是差了，嗯，四天。但最让我害怕的是，我是不是真正地爱这个，我是因为浮躁？因为仅仅想要追名逐利？为了标新立异，显示与众不同？看，你们没有梦想，可我有！又或者是因为不想好好学文化课换条路？前路不知道有多少凶险，不知道会不会走着走着就掉进一个大大的深渊，不知道会不会变成自己都害怕的样子，会不会⋯⋯我好像什么都怕，我畏首畏尾，我不够坦然，我甚至不敢面对自己，自欺欺人。没梦想时，羡慕为自己青春奋斗的人身上那种"虽千万人吾往矣"的勇气；有梦想时，却又开始想要那份什么都可以不必想什么也可以不在乎的洒脱。现在的我，甚至可能因为自己的一个不勇敢，一点点小懈怠而开始质疑自己，你怎么这个样子？你这样能行吗？我怎么这个样子？我这样能行吗？与其天天活在自我纠结，自我否定，自制囹圄之中不敢、不能，一点点被世事磨掉锐气，也磨掉梦想！梦想！害怕姿态不好看？害怕努力了也没有结果？到时候玩也没玩事也没成！什么都怕的自己真可怕！我看着窗外的大树、河流、人潮、车流，它们推移着，也消失着，什么不是这样？生命只有一次，我是为自己而活啊，我只有一次机会啊！我的思绪开始回转，不再神游。眼前的一切开始明朗起来，我看见窗外的大树，深绿高大；我看见窗外的河流，干净透彻。天蓝云白，天高云淡，让人感觉心境开阔，甚至，我都觉得这里太假了，环境怎么这么好！不过不得不说，这里人好像不多。

晚上，回到酒店，练习。说实话，我们之前虽然也练过，但一次完整的都没有。结果就是，这回也没有成功。技术问题，锂电池不足，解说词对不上小车动作、冗长，心态不稳。问题太多，又条条致命。于是，充电，改词。我们不再像以前一样总是寻找到底是谁的问题，而更加重视我该怎么解决，或许在合作中，我们也开始学会了担当。第二天晚上，最后一次准备，也是第一次完完全全的机会。白天我们已经把稿子改了又对了，可晚上的我们还是一团雾水。急啊，所有人都急。我们和老师之间剑拔弩张，老师气我们没准备，我们不开心被说。我们就这样迎接比赛。赛前有同学紧张不自信，全程都在说很丧气的话，我自己倒不太害怕了。赛前的我反倒轻松。但我还是有着深深的挫败感，来自口语、赛前礼物准备、应变能力，这一切的一切，都是我的弱点。但我又发现麻省理工学院的老师是如此亲和，顶级名校的老师不仅丝毫没有架子，而且还主动与学生分享，传道授业解惑也。不仅是知识，更是做人。在我们早上吃饭和晚上拿行李箱的时候，天津七中的高老师不仅以头发花白之躯为我们搬箱子，而且在早上吃饭时一直谦让，等了好久。出来是要学东西的，老师身上这种包容和奉献就是值得被发现的。麻省理工学院，是最值得我学习的。因为专家提问这个环节，我一直都好奇到底东西方教育差别在哪里，学生的差别在哪里，哪里是我们可以学习的，哪里是我们要保留的。所以我迫不及待，我现在印象最深的不过就是积极去表达自己。想想也是，在学校里，我们总是被教去说正确的话啊，要一定怎么样，不要有奇奇怪怪的想法，而在描述中美的学生不怕出错，不怕被质疑，不怕被嘲笑。我想我自己也应该向他们学习，有一颗强大的内心，然后坦坦荡荡面对自己的观点想法，敢于去表现自己，无论怎样，都要真诚。教授还讲到他们自己，说到他们从小生长环境很自由，我开始开心起来，我也很自由啊，我和教授有共同点啊，有点飘飘然不知所得矣。而且教授还说其实选择工作应该选择最感兴趣的，我又开始激动起来，我应该坚持自己所热爱的，哪怕再多人阻挡我，甚至有时候自己也动摇，但毕竟，它是我自己最爱的，不是吗?! 除了这些，还有服务态度、日常生活中体现的素质、待人接物，都是我需要努力的。原先觉得，成长是那张证书，是那个象征荣誉的奖牌，甚至是自己和沿途风景的留念；但越来越发现，成长这个东西似乎就是见一些人、做一些事给自己的一些说不清楚道不明白的感觉做出由内而外真心觉得正确的改变。路还很长，不曾停止；路还很难，不该放弃。

以上就是我关于美国之行的感悟，抽零散时间写的，有点杂。感谢相遇。

赴美参加 IC 国际决赛感想

唐山市第一中学　宋天亮

这次来美国参加 IC 国际决赛及交流学习和参观，让我有了许多感悟。

首先，经过 13 多个小时的飞行，我们踏上了美国纽约的肯尼迪机场。接着，我们马不停蹄地赶往新塘场公园，感受了美国人休闲娱乐的地方。我发现美国人在公园的娱乐设施，比如滑梯等，都是和孩子们一起玩，而不是和中国人一样，家长只是在旁边看着。这就增进了家长和孩子之间的交流。这部分解释了为何外国家庭关系更加亲近以及父母和儿女之间的代沟并不明显。

在这里，我们还感受到了美国具有工业特色的大桥横跨市区之间的河道时的雄伟壮阔。接着我们来到了华尔街，早就耳闻华尔街是一个人才济济、竞争压力很大的地方，这里的人都很优秀。但是这里也没有我想象的像中国大城市一样的熙熙攘攘，行人也没有那么行色匆匆，这可能和生活习惯还有人口数量有关系，也体现了竞争压力并不体现在表面上。

接下来我们迎来了紧张的比赛准备，由于在校学习生活紧张，我们也是考完试第二天就立即出来比赛，准备的时间并不多，加上我们都不是来自同一个班，所以只是在学校进行了环节的设计，但是各部分的结合和小车的具体操作都没有进行反复练习。所以我们在比赛前的两个晚上，一到达酒店就立刻出来进行排练，将各个部分拼凑和结合，让机器人的操作和解说的进度进行结合，还要结合舞蹈的总体时间。其间由于结合需要多次改动，我们也发生了许多争执，但是，经过有效的交流和沟通，我们最后在很多问题上达成了共识，构成了最后的结构框架。在这个过程中，每个队员各司其职，都尽心尽力地完成自己的任务，并对团队的问题都提出了自己的见解，大家最后经过讨论交流，共同完善了问题，这让我看到了团队的力量。

接下来的几天，就是体验美国文化和生活。我们游览了美国的各大名校。名校的高级建筑也体现了国家对顶尖人才的教育的重视程度，毕业生对自己所在大学的大力捐款，也体现了这些大学对其学生的巨大影响。

　　这就是我在美国的主要行动和感悟，当然，还有很多小的感悟需要沉淀之后才能写出，也会在今后生活中给我以启迪。

与你们同行是我的幸运

唐山市第一中学　张美欣

美国之行不知不觉已经结束了，时间过得很快，我们一行去了哈佛大学、麻省理工学院等五所优秀的大学，参观了著名的白宫、国会大厦、大都会博物馆、联合国总部等，游学的同时，还参观了第五大道、华尔街等著名景点。我想，这次美国之行可能会让我记一辈子。

美国的环境和空气都很好，人也非常的友善，这令我身处他乡却不觉有丝毫顾虑，几乎能碰上的老外都会主动和你说一句"hello"，美式中餐和自助晚餐令我有些吃不惯，跟国内的味道完全不一样，我感受到了中外文化的浓浓差异。

车上的互动课堂，使气氛欢快了起来，每个学生都代表着各自的学校娓娓道来，颇有涵养，分别介绍了各地的文化、饮食、方言，在车上，我们学着各地方言愉快地聊天，伴随着欢快的歌声，时间飞速流过，不知不觉便到达了目的地。

IC 国际决赛让我感到了团结的力量以及配合的重要性，我们不远万里从中国费力地把材料和小车拿来美国比赛，就是为了宣传中华文化，宣传唐山一中，很庆幸，我们五个人并没有给唐一丢脸，还得到了国际金奖，这真的离不开我们每个人比赛前的努力和配合。金奖的获得过程很不易，我忘不了颁奖典礼上我激动地和麻省理工学院的教授们合影，忘不了我在哈佛大学食堂和外国小哥哥聊天，更忘不了那天在凉爽的天气下参观哈佛大学。

此次游学难忘又幸运的是遇到了很多外校亲切可爱的同学，晚上我们在房间内愉快地玩游戏，忘却了一天的疲倦和深夜的困倦，第二天仍然精神饱满，在车上互相愉快地聊天、继续玩游戏，甚至到了某个景点，等陈导买票的空闲时间，我们也会抓紧时间玩一局游戏。但遗憾的是游学时间过去了一半我们才熟悉了起来，结束时，我后悔为什么我们没有早些认识，导致我们离别时如此不舍和惋惜。回到故乡，我们第一件事除了和家人聊起美国之行，更重要的还是打开手机，看看群里，再与一同相伴的小伙伴们聊上几句。

　　美国之行过得很快，留给我最多的还是不舍与难忘，很感谢我能够拥有这个难得的机会参加到这次活动中，但最幸运的，还是遇到了你们，我的朋友。

　　感谢有你们。

辛苦付出　丰厚回报

李元旭

十天的日子过得很快很快，伴随着回国的飞机降落声响起，我又回归到了正常的生活中，但这短短的十天，却带给我永远难忘的回忆。在这十天中，我收获了珍贵的友谊，结识了来自大江南北的朋友们，品尝了成功的喜悦，在青少年国际创新大赛无碳小车项目中和我的团队一起斩获了金奖，同时也欣赏了美国美丽的自然景观，参观了众多国际顶尖大学，这次的经历让我获益匪浅，收获颇丰。

和队伍里的同学们认识是在三个月前，比赛前的几个月，我们都会在紧张的学习中找机会抽出时间一起练习小车的制作，刚开始的几次尝试，结果都不尽如人意，不是制作时间超时，就是制作成功的小车还没跑出赛道几十厘米远就翻倒在了赛道的一旁。每次制作时头上渗出豆大的汗珠，手指上沾满胶水，还有身体的酸痛，就是这样的辛苦和努力，在比赛前一周我们终于将我们的车辆的制作和行驶做到了满意的程度，在这里，我要感谢辛苦付出的队友们，没有他们的汗水，也就没有我们现在的成绩。

初到美国，大家都有些许不适应，有的队员还因为旅途的颠簸而发烧感冒，作为队伍中年纪最大的，我尽自己可能去照顾大家，解决大家的困难，希望队员们都能早一些调整好精神，以最佳的状态迎接比赛。第三天的比赛如约而至，那天大家都起得很早，脸上都不约而同地露出了紧张的神色，我把大家叫在一起，鼓励大家好好发挥，不要有压力。整个比赛的过程，我们有惊无险地在倒计时十分钟左右时完成了小车的制作，整个过程大家都竭尽全力，我们之间的配合也十分默契。终于，在制作完成之后，迎来了最紧张的试车环节，看着前面的队伍一个个优异的成绩，我现在仍能回想起当时紧张的神态，整个人坐立不安，手心里攥出了一把一把的汗珠。到了我们队试车的环节，第一次的结果并不理想，小车出发之后开始向左偏移，最后只走了 140 厘米的距离。我发现了其中的问题，小车的绕线绑得不够紧，导致整个车辆的动力不足。为了解决车辆向左偏移的问题，我提议在第二次测试时将小车向右摆放一些，功夫不负有心人。第二次的测试，我们取得了 180 厘米的成绩，并且凭借这个成绩我们成功拿到了金奖。当接过奖牌的一瞬间，我松了一口气，这么多天的努力没有白费，我们没有让学校失望，我们也没有让自己失望，我们做到了，这块手中的奖牌就是最好的证明。

比赛结束的几天，我们游览了众多美国著名的景点，美丽的尼亚加拉瀑布和里其茨峡谷公园让我们流连忘返，白宫和国会的门前也留下了我们的足迹，麻省理工学院的课程同样是我们获得的宝贵知识，哈佛大学、耶鲁大学、普林斯顿大学、宾夕法尼亚大学的校园也给我留下了深刻的印象。

感谢 IC 给我的这次机会，能让我在十天中有着如此多的收获，在今后的学习生活中，我会谨记着 IC 教会我的为人处世、学习生活的方式和理念，今后我会更加努力，争取成为一个真正的创新型人才，为祖国的强盛做出自己的贡献！

永生难忘的诸多第一次

唐山市第一中学 邱榆森

美国——一个我很向往的国家，以前在课本和电视上，总能看见美国的风光，当时想着，我能去美国游玩一趟就好了，没想到这个想法真的实现了，不同的是，我是去比赛的。

在乘坐了 13 个小时的飞机后，我感觉整个人都不好了，原来坐飞机这么累人，不过我们总算安全抵达了美国。组委会很贴心地为比赛的同学们安排了一辆巴士，同时，我们认识了这十天的导游——陈导，一个长得又高又帅的小哥哥。

我们去的第一站就是华尔街，一个富人聚集的地方，那里的建筑又高又密，十分繁华，了解之后才知道"华尔街"一词现已超越这条街道本身，成为附近区域的代称，亦可指对整个美国经济具有影响力的金融市场和金融机构，这使我更加坚定了要让自己更优秀的想法。能获得在这里打拼的资格，那该多好。

第二站就是人山人海的纽约广场和无比高大上的联合国总部，不夸张地说，我一路张大了嘴巴，惊叹于建筑的雄伟壮观。

也许是太兴奋了？到了晚上吃饭的时候，我突然发烧了，身体很不舒服，但是让我感觉暖心的是老师和同学们知道后对我百般照顾，各种帮忙，这让我非常感动。

在美国的第三天，终于进入了正题——无碳小车比赛。比赛的前一天晚上，可能是因为太紧张了，一向睡眠质量不错的我居然失眠了，凌晨两点多才入睡，比赛时我依然有些低烧，但是看到队友们都在努力，我也不能拖后腿啊，打起精神，这半年多的奋斗成败就在此一举了。我主要负责的就是记录无碳小车的各种数据以及拼接，都是比较细心的活，马虎不得。终于，在一个半小时的努力下，我们的小车作品完成了。

　　我们的小车特别结实，不是一般的结实。它有六根架子支撑，我们称为"六爪"结构。底盘也是卡得非常紧，运用了古代中国建筑的智慧：榫卯。缓冲装置用的是胶带，把胶带一条一条反着粘这样不仅起到缓冲作用，还能将重锤粘住防止它乱跑，节省了架子上的木条。结果呢，就是我们不负众望，拿到了国际金奖。领奖时和一群大佬站在一起，好激动啊！

　　紧张的比赛过后，当然就是继续游览啦。旅程的后半段，我们游览了美国几所名校：哈佛大学、麻省理工学院、普林斯顿大学、宾夕法尼亚大学等。这些名校给我的直观感受就是：好大，好壮观啊！环境也特别好，他们的建筑风格大都是哥特式，一进去就给人一种庄严不可侵犯的感觉。真的很想成为这些名校众多学生之一！

　　我们还游览了尼亚加拉大瀑布、巧克力工厂、自由女神像（太阳有点刺眼啊），最值得一提的是，我们还去了白宫、林肯纪念馆等美国标志建筑，虽然头顶烈日，但我们依然不亦乐乎。来这一回，此生无憾的感觉！

另外，在纽约州政府，我还"认识"了一只可爱的小松鼠，啊，血槽已被放空。

快乐的时光总是转瞬即逝，这一次美国之行够我兴奋回忆许久了，通过 IC 比赛，我增长了见识，悄悄说一句，我是我们家首位出过国的成员！我第一次坐了飞机，第一次出了国，第一次去了那么多名牌大学，第一次游览了那么多地方，第一次和那么多大人物站在一起，第一次体会到团队合作并且拿到奖的自豪感。这些经历，我永远都不会忘记，我相信，它们也将成为我今后学习的动力。

不一样的诗与远方

唐山市第一中学 王奕霏

用手指转动地球仪，从中国出发，越过太平洋，点到美国，抚摸着写着文字涂着颜色的球面，我不禁遐思：美国会是什么样的呢？身未动，心已远……

7月12日，这个激动人心的日子终于来到了！我充满期待，充满梦想，充满好奇，为这场精彩的旅行整装待发！

伴随着飞机起飞的轰鸣声，向着美国的方向进发，美国便一点一点地立体、清晰、明亮起来。

在波士顿，我们与神往已久的哈佛大学相逢，感受学术圣地静谧而庄重的氛围，并在哈佛大学进行了国际青少年创新设计大赛决赛。我们进行了无碳小车的比赛，在比赛的过程中，我们体会到了团队合作的重要性，更学到了什么是科技创新。比赛时，在与外国朋友的互动交流中，我们感受到了不同国家文化的不同，也交到了许多外国朋友。

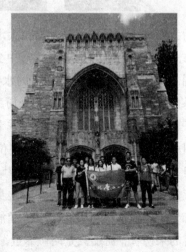

我们又先后参观了哈佛大学、耶鲁大学、麻省理工学院，校园里的每一块草坪、每一幢校舍、每一处教堂、每一座纪念碑、每一棵参天大树，每一个匆

匆走过的莘莘学子，每一个肤色不同的脸孔，无不散发着精神的氤氲。站在这些已有百年历史的校舍前，你仿佛可以听到历史移动的脚步声，又仿佛觉得你与历史中的人和事浑然一体，眼前的红色砖楼并不是被崇拜的对象，更不是放在博物馆中的展品，它们就是平平常常的、仍在使用中的学校众多楼群中的一幢而已，不同的是，在楼的某一角落刻上了始建的年代，于是乎，留下了历史的痕迹。但历史在这里也是现在，现在与历史融合在了一起，神奇的感觉！

值得一提的是，哈佛校园中，还有一个具有中国传统特色的石碑，是中国校友于 1936 年在 300 年校庆之际捐赠予母校的大理石石碑。胡适以楷书题写了碑文原文。碑下有一个神兽——乃传说中龙的第六子"赑屃"。说是大禹治水时收服了它，为了不让它到处作乱，特刻下"赑屃治水"的碑文，让它天天背着。故此，中国一些显赫石碑的基座都由赑屃驮着，是尊贵、吉祥、赞颂之意。

之后我们又有幸观赏了尼亚加拉大瀑布，观赏这个与众不同的瀑布可以有不同的方式，而最特别的是乘坐"雾中少女"号观光船，穿上一身雨衣穿梭于波涛汹涌的瀑布之间，到扑朔迷离的水雾之中，涛声惊心动魄。我查了一下，知道了游船取名为"雾中少女"的来历，据说 300 年前，居住在当地的印第安人震慑于自然的威力，于每年的收获季节选一天，集合全村的少女，酋长站在中央，引弓对天放箭，箭尖下落，离哪位少女近，这一少女即被选为代表被送上独木舟，舟中装满谷物水果，从上游顺着激湍冲下，坠入飞瀑中，于是人们都说尼亚加拉瀑布的雾气便是少女的化身。游船上可以很真切感受到瀑布狂泻直下而产生的巨大水汽和浪花，水势汹涌犹如千军万马。大瀑布总是敞开心胸欢迎所有的来访者，游船只是略微靠近瀑布，便被落下的水浪冲击得大幅摆动，暴风雨般的水珠会劈头盖脸地砸来，此时再好的雨衣也无法抵御大瀑布的盛情，我们所有的同学都随着雷鸣般的水声兴奋地欢呼起来。

　　在美国这十天里，我还挺喜欢那种自由愉快的城市氛围以及充满创意和活力的教育氛围，也喜欢它别具匠心的建筑和美丽的风景，每天像活在手机壁纸里一样。我想作为影响世界的大国而言，在它的身上有许多值得我们学习的地方，这次游学不仅开拓了我的眼界，也丰富了我的见识，国家的繁荣、民族的富强都是每一位普通劳动者共同创造出来的，我想我要通过学习，进步；通过学习，自强！这次游学之旅为我的人生旅途增添了一笔无形的财富，也让我对未来的学习和生活多了一份期待和展望。

梦想需要努力 人生需要梦想

唐山市第一中学 赵翼萱

俗话说："读万卷书，不如行万里路。"以前曾经去过韩国和日本，但我对美国的了解可以说是一无所知。怀着兴奋与好奇的心情，我随同学们一起踏上了前往美国的参赛和研学之旅。十几天的行程紧张而又忙碌，不仅开阔了眼界，也让我受益良多。

本次行程最主要的活动就是参加在哈佛大学举行的 IC 国际决赛。我们队参加的是无碳小车的设计和制作。没想到比赛如此紧张和激烈，因我的训练时间短，临时决定由奕霏他们四个主要制作，而我从旁协助。看着队友们认真的样子，仿佛时间都静止了。时间一分一秒地过去，队友们都趴在了地上，直到小车负重冲坡的一瞬间，所有人都沸腾了，我们成功了！不负众望，这次比赛我们顺利拿到了金奖。这是对我们平时训练所付出汗水的回报啊！这次比赛让我深深地体会到了团队协作的重要性。

除了比赛，我们还参观了美国的老牌名校耶鲁大学，了解了耶鲁的文化历史并参观了学校的图书馆，与国内不同的是这儿的图书馆是全天开放的。此外

我们还到麻省理工学院进行学习拓展。我们聆听了麻省理工学院能源部副主任、年轻的教授的精彩授课，并与他进行了简短的交流，他也解答了同学们提出的各种问题，让我们都受益匪浅。作为一名理科生，我多想能够进入这样的学校学习啊！梦想是需要努力奋斗才能实现的啊。

　　后面几天的行程主要就是参观了一些美国著名的景点，像尼亚加拉大瀑布、航空航天博物馆、郝氏巧克力世界等。

　　短期的游学经历让我感受到了一个不一样的国家。美国确实是一个开放包容的社会，多元文化并存。在这里上学相对要轻松一些。美国的师生更像是员工与老板之间的关系，学习是自己的事，不需要过多的干预。课堂形式也丰富多彩，同学们在课上可以各抒己见，这与我所经历的高中是多么不同啊！所谓读万卷书，行万里路。看来走出去看看还是能增长很多知识的，让我看到了校园外不一样的风景，感受到了不一样的文化，令我立志考取好大学，将来成为祖国的栋梁之材！

My IC Tour

张清源

First, it's my honor to participate in International Youth Innovation Design Competition International Finals in 2019 and we also got a ten-day-long awesome trip in the US.

Before the finals, our team ROC had got the second prize in the half-final competition in Beijing. We thought we might not lucky enough to go to finals, but to our surprise, we received the invitation.

And here we go!

During first two days, we arrived in New York and visited the UN, Wall Street, Times Square and the Fifth Avenue. Then we went to Boston by coach to visit Yale, one of the Ivy League schools.

On the third day, we got the topic in Harvard. Our competition project was Carbon-free Car. Here are some tips I have to the reader in front, if you'll take part in this competition some day: Although our team has practiced for many times before competition, the time we had in Harvard is very limited, so it requires the team to act quickly. Meanwhile, prepare everything well and ensure every detail of the car is OK. What happened to our car was that I thought less, so it got broken on the track, which caused ROC to get the silver prize. It's a pity, but it's fine and we'll be back next year.

We had lunch in the canteen in Harvard. This canteen was so hard to find, which made us exposed under the sun (it was too hot in the US), but the food was really delicious especially the root beer.

On the next day, we went to MIT. We listened to the lecture about using nanotechnology on agriculture given by Dr. Wang. The content was really hard and made me feel the power of knowledge. In the afternoon Dr. Wang shared his experience on studying abroad with us and we had a good harvest.

Beautiful environment in MIT.

On day 6, we went to Niagara Falls. The falls are so big that we nearly can't see anything beside it. When we were on the ship, the falls made water everywhere and our clothes were all wet although we were in the raincoat, but we really had fun together.

We also went to Hershey Chocolate World, experienced the creativity of Hershey and leant about the culture of Hershey Town.

And here is a little video of us taking a small train to see the chocolate making process. It's amazing.

On the last day, we visited Statue of Liberty, feeling the charm of freedom and the friendship between the people of the United States and France.

Besides all above, we also had interactive activities on our coach during the trip to reduce the boredom of long driving. Those activities made all members closer and we became good friends.

Ten days are very short, and we need to say bye to each other. In the end, thanks to IC Committee for organizing such wonderful journey that I can go sightseeing in the US well, giving me this chance to challenge myself, to improve.